현명한 부모는 사춘기를 미리 준비한다

사춘기 부모 마음 상담소

현명한 부모는 사춘기를 미리 준비한다

이현주
×
이현옥
지음

다블북

부모와 사이가 좋은 아이가 공부도 잘한다

"사춘기가 되기 전에 선행 많이 하세요. 사춘기가 오면 아이가 말을 듣지 않아요."

자녀를 중학교에 보낸 선배 엄마들이 잔뜩 겁을 줍니다. 초등학생 때는 잘 나가던 아이가 아예 말을 듣지 않는답니다. 나날이 얼굴이 어두워지는 선배엄마들을 보면 남 일 같지 않습니다. 엄마들이 사춘기 전 아이에게 하나라도 더 시키겠다고 다짐하는 이유입니다.

우등생이던 아이들이 사춘기를 맞아 변화하는 모습은 중학교에서 심심치 않게 발견됩니다. 그런 학생 중에 특히 엄마와 관계가 틀어진 친구들이 많습니다. 초등학교 때는 엄마 말을 잘 듣고 학습도 앞서 나가던 아이들입니다. 사춘기를 맞아 아이가 달라졌다며 엄마들은 눈물로 호소합니다. 무엇이 아이를 변하게 했을까요.

사춘기에는 많은 것이 달라집니다. 호르몬이 변화하면서 여성성과 남성성이 극대화되며 신체도 빠르게 변화합니다. 뇌에도 대대적인 변화가 일어납니다. 즉각적이고 강렬한 감정을 처리하는 편도체는 빠르게 발달합니다. 그런데 신중히 생각하고, 계획을 짜고, 이해하고, 반성하게 하는 전전두엽은 성숙이 더딥니다. 뇌의 불균형이 생기는 것이죠. 감정과 본능에 민감해져 더 쉽게 흥분하거나 좌절합니다. 뉴런의 수는 폭발적으로 증가하지만 연결망이 턱없이 부족합니다. 즉, 뇌의 성능은 좋지만 연결망이 부족해 제대로 기능하지 못하는 시기입니다. 펜실베니아 의대 프랜시스 젠슨 교수는 사춘기를 '브레이크 없는 페라리'로 비유했습니다. 갓 출시된 페라리의 성능은 최고지만 브레이크가 없으니 제대로 주행을 할 수 없다는 뜻입니다. 감정기복이 심하고 미성숙한 사춘기 자녀들 때문에 부모님들이 그만큼 힘들어집니다.

역으로 생각해보면 그렇기에 기회일 수 있습니다. 연결망의 미완성은 어떤 자극이나 경험, 학습을 하느냐에 따라 무한히 발전할 가능성이 있다는 뜻입니다. 사춘기에 청소년의 3분의 1이 이전보다 지능이 더 높아졌다는 연구 결과도 있습니다. 나머지 3분의 2는 오히려 지능이 저하되거나 그대로였습니다. 이런 차이는 어디서 올까요? 바로 사춘기를 어떻게 보냈느냐가 학습 능력과 공부력까지도 이어질 수 있다는 의미입니다.

사춘기에 성장이 느려진 전전두엽을 도와줘야 합니다. 심리적 안정 상태에 있을 때 전전두엽 피질이 방해받지 않습니다. 전전두엽 피질은 과거의 정보를 꺼내어 종합적으로 판단합니다. 이때 과거의 정서가 깊게 관여합니다. 과거에 부모에게 받았던 질책이나 부정적인 말이 아이의 정서를 망가트리고 자기를 부정적으로 생각하게 만듭니다. 초등 때 부모의 강요로 공부했던 아이들이 사춘기에 접어들면서 부모와 사이도 나빠지고 공부도 놓게 되는 이유입니다. 아이의 감정에 어떤 씨앗을 심어주고 아이와의 관계를 만들어가느냐가 사춘기의 관건입니다. 건강하고 유쾌한 사춘기를 보내기 위해 아이들의 정서를 먼저 들여다봐야 합니다. 아이들이 자신의 부정적 감정과 마음 상태를 알아채고 다스릴 수 있을 때 건강하게 성장할 수 있습니다. 이 건강한 성장은 자연스럽게 학습과도 연결됩니다.

현명한 부모는 사춘기를 미리 준비합니다. 사춘기 전에 아이와 건강한 정서관계를 만들고, 사춘기 변화를 공부하고 자연스럽게 받아들이죠. 또 그 과정에 있는 아이의 노고에 대해 이해하고 격려하며 함께 헤쳐 나갑니다. 그리고 뇌가 너무 복잡한 정보와 스트레스, 과거의 나쁜 감정에서 벗어날 수 있도록 도와줍니다. 아니, 처음부터 그런 정서를 전달 하지 않습니다.

그러기 위해서 먼저 알아야 합니다. 사춘기 아이들이 무엇이 달라지는지 말입니다. 이 책에서는 사춘기 행동 패턴을 이해하고 감정적으로 공감하는 법을 다뤘습니다. 아이들이 이해받고 있다는 생각이 들면 그때부터 시작입니다. 아이의 전전두엽은 안정을 찾고 성장하기 위해 신경망을 최대한 늘려갈 것입니다.

"부모와 사이가 좋은 아이가 공부도 잘한다."

이 말은 사춘기를 보낸 중고등학교 부모들이 가장 공감하는 말이자 그야말로 절대 원칙입니다. 아이와 사이좋은 관계를 만들기 위한 부모님의 첫발을 응원합니다.

1장

현명한 부모가 준비하는 사춘기

사춘기 공부는 정서 안정이 전부

3장

공부에서 멀어지는 아이의 진심

사춘기는 공부 습관 잡는 최적의 타이밍

1장

현명한 부모가
준비하는
사춘기

사춘기 아이는 독립을 준비합니다

사춘기는 육체적, 정신적으로 어린이에서 성인이 되는 시기입니다. 아이마다 다르지만, 평균적으로 만 11~13세부터 시작되죠. 사춘기가 되면 뇌에서 아동기와 다른 변화가 감지됩니다. 성인으로 성장하기 전 뇌의 리모델링 공사가 시작되는 것이죠. 아이는 뇌가 공사 중이다 보니 전과 다른 양상들을 나타냅니다. 한창 공사 중인 공사장을 생각해보세요. 정리된 것이 없죠. 한 마디로 정신없습니다. 사춘기 아이 뇌가 지금 그런 상태죠. 사춘기 아이는 체계적으로 판단하거나 논리적으로 생각하는 데 어려움을 겪습니다. 어떻게 저런 판단을 할 수 있을까? 다시 어려졌나 싶을 정도로 아리송한 결정을 내리기도 할 겁니다. 계획을 세우거나 행동을 예측하는 것은 더욱 어렵죠. 늘 늘어져 있고 매사 미루고 귀찮아합니다. 더불어 감정을 조절하는 데도 어려움을 겪습니다. 매우 충동적으로 행동하고 감정을 통제하지 못하는 경우도 많습니다.

이건 사춘기에 발달이 잠시 주춤하는 전두엽이 제대로 작동하지 않기 때문입니다. 신체적으로는 몰라보게 자라고 달라지는데 뇌가 속도를 따르지 못합니다. 사춘기는 균형을 찾아가는 과정이죠. 아이는 지금 열심히 성장 중이라 삐걱거리는 것입니다.

사춘기의 모든 것은 뇌가 공사 중이기 때문이라는 것을 잊지 말아야 합니다. 이 과정을 거쳐야 비로소 아이는 '독립'이라는 큰 그림을 그릴 수 있습니다. 전두엽의 발달이 25세까지도 이어지는 것을 생각한다면 사춘기는 시작에 가깝습니다. 앞으로 긴 시간 동안 아이들은 혼란을 겪게 될 것입니다.

그러나 아이들의 뇌를 들여다볼 수 없는 부모 입장에선 이런 행동들을 볼 때마다 난감하고 답답합니다. 여기저기 보이는 빈 틈은 아이가 마치 퇴행한 것처럼 느껴질 겁니다. 누구보다 사랑스럽고 순종적이었던 아이의 반항적인 모습에 부모는 당황스럽습니다. 당연합니다. 하지만 그럴수록 다그치지 않고 아이의 혼란을 이해하는 자세가 필요합니다. "내 아이가 이상한 것이 아니다", "전적으로 사춘기 때문이다"라고 주문을 외우세요. 아이가 성장하는 과정에서 보이는 변화임을 믿고 힘들더라도 끝까지 버티셔야 합니다. 이 갈등을 건강하게 겪어야 우리 아이가 멋지고 단단한 어른으로 성장할 것입니다.

현명한 부모는 사춘기를 기회로 만듭니다

　사춘기의 아이는 정말 많은 면에서 달라집니다. 신체적으로 성장 속도가 빨라지면서 남성과 여성의 특징이 도드라지죠. 또한 호르몬의 분비가 늘어나면서 아동기 때와는 전혀 다른 생각을 하게 됩니다. '나는 누구인가?'라는 질문에 관심을 갖고 자기 자신에 대해 궁금증을 가집니다. 또 잘하는 것과 하고 싶은 것이 무엇인지 고민하게 되죠. 감정의 변화도 잦아져 기분이 오락가락하고 자신의 감정에 매몰되어 타인을 잘 이해하지 못합니다. 그러면서도 자신의 사회적인 역할에 관심을 갖고, 조금 더 멋지고 그럴싸한 모습으로 주위에 비치길 바라죠. 이렇게 많은 변화를 겪는 사춘기 시기는 아이들에게 중요할 수밖에 없습니다. 급격하게 빨라지는 변화 속도에 혼란을 겪기도 하지만 그 시기에 경험한 것들로 자신에 대한 정체성을 성립하기도 하니까요.

한참 독립을 꿈꾸는 시기이기에 부모와 갈등을 겪기도 합니다. 이제까지 부모의 도움을 받아 성장해왔지만 이제는 달라져야겠다고 생각해 스스로 문제를 결정하고 책임지고 싶어하죠. 부모가 결정에 관여하면 간섭이라고 여기고 반항합니다. 지시나 명령조의 대화에 민감하게 반응하며 부모가 자신의 감정을 존중해주는 대화를 바랍니다. 지지하고 응원해주지 않는 대화는 잔소리라 여기기 쉽죠. 자신과 부모와의 관계를 어떻게 만들어야 좋을지 고민하기 시작하면서 관계의 전환이 일어나게 됩니다. 그러니 이 시기에 아이가 어떻게 정체성을 갖고 부모와 관계를 맺는지가 중요할 수밖에 없습니다.

뇌의 재구조화가 일어나서 자신이 필요한 경험이나 정서만 남기고 가지치기를 하는 사춘기. 부모가 적절하게 개입하고 독립성을 인정해줄 때 아이는 한 사람의 개체로서 건강하게 성장해나갈 수 있습니다. 홀로서기를 꿈꾸기에 자꾸 부딪히고 문제가 생깁니다. 혼자 결정하는 게 서툴고 익숙하지 않으니까요. 이때 부모는 자녀의 독립성을 인정하고 한 사람의 인격체로서 대하는 것이 무척 중요합니다. 사춘기 아이에게 부모는 여전히 중요합니다. 부모는 교육과 지도를 통해 아이들을 이끌어주어야 합니다. 사춘기에 있어 필요한 정보를 제공하고 자녀의 관심사에 깊이 관심을 가지고 존중하는 것이 필요합니다. 그래야 사춘기를 지나고 본격적인 공부를 할 때 바로 몰두할 수 있습니다. 아이라고 어리다고 무시해서는 안 됩니다.

사춘기 시기에는 부모가 공부하고 아이와 함께 성장해야 서로에게 도움이 되는 관계로 나아갈 수 있습니다. 아이만 성장해서도, 부모만 노력해도 안 됩니다. 사춘기가 건강함을 유지하고 독립을 이루기 위해서 중요한 시기임을 인식하고 함께 노력해야겠습니다.

사춘기, 미리 준비하면
남들보다 앞서 갑니다

사춘기가 점점 빨라지고 있습니다. 예전에는 중2병이라고 하며 사춘기는 중학생의 전유물로 여겨졌지만, 지금은 초등학교 4학년만 돼도 사춘기가 시작되는 경우가 많습니다. 아직 신체적, 정신적으로 성장하지 못한 상태에서 맞은 사춘기는 아이를 더욱 혼란스럽게 만듭니다.

사춘기가 이렇게 빨라진 이유는 예전에 비해서 영양상태가 좋아졌기 때문입니다. 동시에 플라스틱 용기, 포장지 등에서 비롯된 환경 호르몬도 큰 이유입니다. 또한 예전에 비해 스트레스가 증가한 것도 한 가지 원인입니다. 아이들이 학교, 가정, 친구, 인터넷, 스마트폰 등 다양한 공간에 놓여졌지만 편안하게 쉴 수 있는 공간이 없습니다. 오히려 스트레스 원인만 다양해졌습니다. 이로 인해 호르몬 분비가 빨라져 사춘기도 빨리 옵니다.

이렇게 사춘기가 빨라지면 아이들 신체는 부담을 느낍니다. 성장 속도가 과도하게 빨라지면서 아이가 가진 체력의 한계를 넘어 몸이 부담을 느끼는 것이죠. 자신의 생리적 변화에 대해 스스로 처리하기에는 빠른 시기이다 보니 문제가 발생합니다. 4학년 여학생들이 초경을 시작한다고 생각해보세요. 11살짜리가 제때 생리대를 교체하고 자기 몸을 위생적으로 돌보는 것은 쉽지 않습니다. 또한 아이들이 너무 이른 시기에 자신의 정체성을 고민하면서 우울감을 느끼기도 합니다. 나는 누구인가, 어떻게 살아야 하나와 같은 생각들을 어린 시기에 하다 보니 불안감이 늘어날 수밖에 없습니다. 부모에게 의지하고 싶은 마음도 줄어들기 때문에 혼자 해결하려 하거나 기껏해야 또래와 대화합니다. 이런 대화는 문제를 해결하기보단 미숙한 아이들끼리 불안감만 가중하는 효과를 낳을 뿐입니다. 마지막으로 사춘기가 빨라지면서 아이들이 성적 관심이 늘어나 성적인 매체에 노출될 위험이 커집니다. 아이들의 성적 관심은 늘어나지만 적당한 매체를 찾기는 어렵습니다. 나이에 맞지 않는 성 매체에 노출되면 트라우마나 중독 등 다양한 문제가 생깁니다. 심각하면 성적 괴롭힘이나 성매매, 인터넷 성범죄로 이어질 수도 있습니다.

아이들의 욕구와 그에 알맞은 성장이 일어나지 못하면서 아이들은 그 사이에서 괴리를 느끼고 흔들릴 수밖에 없습니다.
너무 빠른 사춘기가 위험한 이유입니다.

사춘기 전 공부 습관을 만들어라

자녀가 초등 3~4학년 정도면 사춘기에 대비해야 합니다. 사춘기가 오기 전 어떤 것들을 준비하면 좋을까요?

첫 번째로 학습 습관을 갖춰 놓는 게 필요합니다. 아이들은 자신들의 사회인 학교에서 인정받고 싶어합니다. 그러기 위해서 초등 때부터 습관을 잘 갖추는 것이 중요하죠. 자신만의 학습 습관을 만들고 꾸준히 학습하면서 자신의 학습 태도를 잡아가는 노력이 필요합니다.

둘째 독서 습관입니다. 초등 고학년만 되도 책을 읽지 않으려는 아이들이 많습니다. 독서는 언어 지식과 문해 능력을 향상시키는

데 도움이 됩니다. 배경지식을 쌓고 대화의 내용도 풍부하게 만들 수 있죠. 대화를 통해서 자신의 의견을 주장하고 싶어하는 아이들에게 독서가 자신만의 저력을 만들어줍니다.

세 번째 자기 주도 학습을 해야 합니다. 중고등학교에 가게 되면 스스로 공부하는 능력이 중요해집니다. 초등 때부터 배운 내용을 스스로 학습하고 이해하는 연습을 해야 합니다. 이때 자신의 취미 활동도 계발하면 좋습니다. 이를 통해서 자신만의 강점과 흥미를 발견하고 자신감을 키울 수 있습니다.

네 번째로 친구와의 관계를 잘 맺는 연습을 해야 합니다. 고학년이 될 수록 친구와의 관계가 무척 중요해집니다. 친구와 적극적으로 관계를 유지하고 서로의 감정을 존중하는 태도를 갖는 것이 필요합니다.

마지막으로 가장 중요한 것, 부모와 좋은 관계 만들기입니다. 자녀가 사춘기에 접어들면 부모와의 관계에서 갈등이 생기기가 쉽습니다. 그러기 전에 관계를 잘 만들어두는 것입니다. 어릴 때부터 관계가 좋고 대화가 잘 되었다면 사춘기도 무난하게 보낼 가능성이 높으니까요.

사춘기에 부모와 자녀 관계가 원만하기 위해선 부모와 자녀 간에 소통이 첫째입니다. 자녀들이 부모와 자유롭게 대화할 수 있어야 해요. 부모가 답을 정해놓고 대화를 한다거나 아이의 말에 윽박지르지 않아야 합니다. 자녀의 말에 귀를 기울이면서 아이를 한 명의 인격체로 존중하면 관계는 좋을 수밖에 없겠죠.

또한 부모가 자녀의 변화를 이해해야 합니다. 자녀의 성장 과정을 이해하고 그에게 맞게 대접과 반응을 해줘야 합니다. 아이가 변화를 이해하고 자연스럽게 받아들일 수 있도록 도와줘야 해요. 혼란스러울 아이가 불안감을 갖지 않도록 충분히 지지하고 응원해줘야 합니다. 지지와 응원을 받은 아이들은 자신감과 안정감을 가지고 성장합니다.

아이와 함께 시간을 보내면서 이야기를 많이 들어주는 것이 중요합니다. 함께하는 시간의 양만큼 서로를 이해하는 마음도 늘어나니까요. 아무리 바쁘더라도 가족이 함께하는 시간을 꼭 확보해주세요. 아이가 힘든 일이나 고민이 있을 때 기꺼이 가족에게 털어놓을 수 있고 위로 받을 수 있도록 말이죠.

언제든 돌아올 자리가 있는 아이는 흔들리더라도 반드시 제 자리로 돌아옵니다. 아무리 거센 사춘기를 맞아도 자신을 믿어주는 가족 곁에서 아이는 단단하게 뿌리를 내리고 성장할 것입니다.

사춘기는 학습 발달의 최적기

사춘기 참 말고 많고 탈도 많습니다. 남의 집 아이는 별 탈 없이 조용히 지나가는 것 같은데 우리 아이는 유난인 것 같아요. 사사건건 시비를 걸고 자신의 권리를 주장합니다. 열심히 키웠는데 부족한 면만 꼬집어 말하다니, 기분이 나빠져서 한 마디 하면 팽 돌아섭니다. 화가 나 원수같이 느껴지다가도 강아지처럼 내 품에 파고들면 내칠 수가 없습니다.

사춘기 아이들, 도대체 왜 그러는지 모르겠습니다. 아마 아이들 자신도 모를 겁니다. 아이들은 열심히 크고 있는 죄 밖에 없으니까요. 나도 모르고 아이도 모른다고 넋 놓고 있어서는 안 됩니다. 지금 우리가 기억해야 할 것은 이런 사춘기가 정말 인생에 다시 오지 않을 기회라는 사실입니다. 사춘기를 어떻게 보냈느냐에 따라서 평생 아이의 세상이 달라집니다. 아이 마음이 새롭게 리모델링 되는 이 사춘기를 잘 활용해야죠.

먼저 건강에 신경씁니다. 사춘기는 신체적 성장과 성적 성숙이 일어나는 시기죠. 이때 어떤 생활 습관을 갖느냐에 따라 평생 건강이 좌우됩니다. 많은 아이들이 호르몬의 변화로 늦게 자는데 이 수면 패턴을 잘 잡아줘야 합니다. 공부를 한다고 해도 너무 늦은 시간에 자지 않도록 해야 합니다. 식생활 습관도 중요합니다. 어릴 때와 달리 친구들과 어울리며, 학원 일정에 바빠 편의점 음식을 너무나 사랑하게 됩니다. 집밥을 먹을 수 있는 상황이라면 집밥을 선택하도록 해 식생활을 바르게 잡아줘야 합니다. 바르지 않은 생활 습관의 유혹에 빠져서 흔들리는 아이들을 잡아줄 수 있는 때가 바로 사춘기입니다. 부모의 말을 잔소리가 아닌 자신에게 필요한 약이라고 생각할 수 있도록 부드럽게 알려주세요. 아이가 바른 습관을 가진 아이로 성장하게 될 테니까요.

두 번째로 사춘기는 학습과 인지 발달에도 아주 중요한 때입니다. 아이들은 이전보다 추상적인 사고나 문제해결력, 계획 수립 능력이 향상됩니다. 사고의 폭이 넓어지면서 사물을 깊이 있게 이해하기 시작하죠. 자신에 대해서 객관적으로 파악하고 분석하는 능력도 생기고요. 이런 성장은 깊이 있는 학습을 하기 좋습니다.

"우리 아이는 도대체 공부에는 관심이 없어요."라고 말할 수도 있습니다. 하지만 대한민국 아이들 마음속에 학습에 대한 의지가 없는 아이는 없습니다. 다만 숨어 있을 뿐이죠. 이 숨어 있는 마음을 사춘기를 이용해 끄집어내면 됩니다.

사춘기 시기에는 자신의 욕구와 가치를 탐구하고 표현하는 때입니다. 아이들이 원하는 것이 무엇인지를 찾아 그 방향으로 학습 방향을 잡으면 도움이 될 것입니다. 이때 자기 진로 방향에 대해서도 함께 탐색하면 좋습니다. 다양한 학문 분야와 직업을 경험하면서 자신의 진로를 찾을 수 있는 기회로 만드는 것이죠. 스스로 자신의 욕구를 알고 강점을 찾아가면서 미래를 위한 준비를 시작하는 것입니다. 이때 공부에 대한 정서와 느낌은 평생을 좌우합니다. 너무 다그치면 아이가 학습에 대해서 거부감을 가질 수 있습니다. 기본적으로 아이는 공부를 좋아하고 자신의 발전을 추구한다는 사실을 믿고 지지해주세요. 그럼 아이가 사춘기를 통해서 스스로 계획을 세우고 발전해나갈 수 있는 멋진 아이로 거듭날 거예요. 시켜서 하는 공부가 아닌 스스로 필요에 의해서 공부를 하는 것만큼 부모가 바라는 모습도 없습니다. 아이가 그 필요성을 알고 스스로 준비할 수 있는 기회를 사춘기를 통해서 만들어보세요.

세 번째로 사춘기 아이는 스스로 결정하고자 하는 욕구가 커집니다. 이를 잘 활용하여 자신의 일을 결정하는 기회로 삼을 수 있습니다. 이제까지는 부모와 모든 일을 상의해서 혹은 부모님의 의견에 따라 결정한 경우가 많았을 겁니다. 하지만 이제는 다르죠. 아이는 독립성과 자율성을 키우고자 하는 욕구가 생겼으니 이를 존중해주는 겁니다. 이 부분은 성인이 되기 전 아이가 반드시 준비해야 하는 능력이니 두 손을 들고 환영할 변화입니다. 이때 우리가 할 일은 아이가 스스로 결정할 수 있는 일을 많이 만들어주는 겁니다. 그 과정에서 아이들은 주체적으로 행동할 수 있는 역량을 기르게 됩니다. 스스로 판단하고 그 결과에 책임지는 과정을 통해 아이는 행동 할 때 신중해야 한다는 것을 배우게 됩니다. 이는 곧 아이 마음에 든든한 밑거름이 될 것입니다.

네 번째로 사춘기 아이는 대인관계에 대한 욕구가 커지며 주변 사람들의 상황과 입장을 조금씩 이해하게 됩니다. 사회적인 기술과 대인관계 소통 능력을 바탕으로 선택하고 책임지는 경험을 하면서 아이는 성인기를 준비합니다. 물론 실수하고 실패할 수 있습니다. 하지만 이 또한 아이에게는 좋은 경험일 뿐입니다. 실패를 경험 삼아 나아갈 방향을 배우게 되기 때문이죠. 도전적인 상황에서는 자신의 한계를 넘어서며 발전하는 계기가 되기도 합니다. 이 시기의 실패나 실수는 충분히 아이에게 자양분이 됩니다. 나무라지 마시고 무엇이든 경험할 수 있도록 해주세요. 아이는 실수를 바로잡으며 성장해나갈 테니까요.

자신의 책임감과 도덕성, 사회성을 기르는 데 사춘기는 정말 결정적 시기입니다. 실패를 통해서 더 나은 선택을 하고 그 결과를 맞이 하면서 자기 동기가 생기고 성취감을 경험하게 됩니다. 능력을 인정받고 성과를 얻는 경험은 사춘기 아이의 자신감과 자아존중감 형성에 큰 역할을 합니다. 우리는 이런 과정이 아이에게 기회임을 잊지 말고 지켜보면 됩니다. 사춘기 아이가 우리를 힘들게 한다는 것은 그만큼 변화의 가능성이 크다는 의미입니다.

사춘기에 공부를 잘 하게 하고 싶다면

　사춘기는 본격적인 경쟁이 시작되는 시기입니다. 아이는 주변과 비교를 시작하면서 자신에 대한 인식을 세웁니다. 아이가 가장 크게 존재감을 드러낼 수 있는 방법은 공부입니다. 그래서 아이들은 공부를 잘하고 싶어합니다. 다만 어떻게 해야 하는지 방법을 알지 못할 뿐이죠. 노력은 하는데 원하는 결과를 내지 못하면 포기로 이어집니다. 아이가 포기하기 전 사춘기 초입에 공부에 대한 태도를 알려주어야 합니다. 이때 어떻게 노력하느냐에 따라서 인생의 길이 많이 달라질 겁니다.

　공부를 잘하려면 목표가 뚜렷해야 합니다. 어느 방향으로 나아갈지를 정해야 그 목표에 맞게 노력을 할 수 있으니까요. 그러나 사춘기 이전의 아이들은 스스로 목표를 세워본 경험이 드뭅니다. 그래서 지금 가장 필요한 것은 구체적이고 현실적인 목표를 세우고 그에 합당한 작은 계획을 실천하는 경험입니다.

가장 손쉽게 실행할 수 있는 것은 아이가 직접 학습 일정을 계획하는 것입니다. 학교, 학원 등 자신의 일과에 대한 시간을 관리하고 우선순위를 설정합니다. 그리고 자기 점검을 통해서 자신에게 맞는 학습의 방향을 찾아나가는 것입니다.

목표를 달성하면 주는 작은 보상체계를 활용하는 것도 좋습니다. 이는 동기부여를 하고 학습에 대한 긍정적인 정서를 만들어줍니다. 다만 아이가 스스로 보상을 선택하고 제공할 수 있도록 해야 자기주도학습에 도움을 받을 수 있습니다.

이때 아이는 학교 선생님과 소통을 통해서 자신에게 필요한 것과 강점을 파악하는 것이 좋습니다. 선생님은 많은 아이들을 상대하는 만큼 학습 과정에서 필요한 것들을 통해 목표를 설정하고 오류를 최소화하는 전문가입니다. 간혹 선생님께 말을 거는 것 자체가 부끄럽다거나 거부당할까 봐 두려워하는 아이들이 있는데, 선생님은 아이들의 상담을 환영한다는 점을 꼭 이야기해주세요. 그래서 아이가 선생님과 함께 구체적인 목표를 설정하고 계획할 수 있도록 도와주시기 바랍니다.

목표를 세우면서 중요한 것은 마음가짐입니다. 지금 자신은 얼마든지 발전할 수 있다는 자신감이 중요합니다. 단기적인 목표를 넘어서 장기적으로 성장하는 것이 공부입니다. 목표를 실천하며 잘못된 공부 습관이 있는지 파악해 실수를 줄이고 개선하는 겁니다. 과도한 모바일기기 사용이나 높은 의존도, 시간 관리 미흡 등을 아이가 스스로 파악하게 하면 고칠 수 있습니다. 이런 습관들을 하나하나 잡아나가면서 자신의 공부법을 찾아나가는 것이 필요합니다.

사춘기 아이들은 많이 실수해봐야 합니다. 실수와 실패의 과정을 긍정적으로 인식하고 그것을 통해서 더 나은 방향으로 성장할 수 있습니다. 성공과 실패를 모두 내 것으로 받아들이고 자신의 성장 동력으로 삼으려는 마음가짐을 키워주는 게 좋습니다. 이 과정에서 아이가 실수하고 실패한다면 이를 통해 배울 수 있는 점을 찾아 격려해주세요. 실패하면서 스스로 깨닫는 기회가 될 겁니다.

목표와 마음가짐을 제대로 세웠다면 이제 개개인에게 맞는 학습법을 선택합니다. 시각적인 학습을 선호하는 아이라면 그림이나 그래프 등 시각 자료를 활용합니다. 청각적인 학습자라면 녹음하거나 강의를 통해서 학습을 하는 것이 효과적이겠죠. 아이마다 선호하는 것이 다르니 내 아이에게 맞는 학습법을 찾아 활용해야 합니다. 실험과 탐구를 통해서 학습의 흥미를 높여봐도 좋습니다.

어떤 방법이든 학습 후에는 정리하고 복습하는 것은 무엇보다 중요합니다. 학습한 내용을 요약해서 정리하는 자신만의 공책을 만드는 겁니다. 개념 지도를 만들어 복습하고 정리된 자료를 통해 반복

학습을 합니다. 다양한 주제의 독서를 통해 배경지식을 늘리고 독해력을 향상시키는 것도 좋습니다.

정해진 시간에 꾸준히 공부하면서 점차 양을 늘려 학습 습관을 형성하는 겁니다. 잘 모르는 것이나 확실하게 이해가 안 된 부분은 꼭 적극적으로 질문해 내 것으로 만들며 학습을 완성해갑니다. 공부에 관해 질문하는 것을 부끄러워하는 경우가 있는데, 호기심을 갖고 질문하며 궁금한 점을 알아내는 태도는 공부를 잘하기 위한 기본 중에 기본이라는 것을 알려주세요. 그렇게 하다보면 공부 재미를 알게 될 겁니다.

계획한 대로 학습을 마쳤다면 반드시 피드백을 진행해야합니다. 자신의 성과를 되돌아보고 반성하는 것이죠. 과제나 학습 내용을 얼마나 이해했는지, 어떤 부분에서 개선이 필요한지를 정리합니다. 이 과정에서 아이는 자신의 현재 위치를 정확하게 알게 됩니다.

내신시험에 대비할 때는 과목별로 시험 범위를 파악하면서 자신의 약점을 파악하고 그를 보완하는 식으로 공부의 방향을 잡습니다. 이러한 일련의 과정을 통해서 아이는 사춘기 학습 패턴을 다져나갈 수 있습니다. 냉정하게 자신의 학습 성과를 정리하고 학습 방법을 찾아나가는 것은 사춘기에 꼭 필요한 과정이며 학습 능력을 기르는 중요한 기회가 됩니다.

아이들은 사춘기에 학습 때문에 정말 많은 스트레스를 받습니다. 학습하는 시간과 쉬는 시간을 분리하여 쉬는 시간을 확보할 필요가 있습니다. 친구와 함께 놀 시간이 절대적으로 부족한 사춘 기 아이들은 정말 불만이 많습니다. 그런데도 부모님들은 "학교에서 도 내내 친구들과 어울리는데 방과 후까지 또 어울리고 논다고?" 하 며 불만스러워하죠. 하지만 학교에서도 아이들은 점심시간을 제외 하면 친구들과 함께 스트레스를 풀만한 활동을 할 시간이 거의 없습 니다. 그러니 방과 후 혹은 주말이라도 시간을 내서 친구들과 함께 시간을 보내고 싶어하는 것은 절대 과한 요구가 아닙니다. 아이가 친구를 만난다고 하면 '아, 스트레스 풀러 가는구나.' 하고 웃으며 보 내주세요. 학습 성과를 위해서는 쉼은 반드시 필요하니까요. 아이는 분명 쉬고 나면 더욱더 열심히 할 힘을 얻게 될 것입니다.

사춘기 부모에게 꼭 필요한 것

    사춘기 때 아이는 자기만 힘들다고 생각하는데 사실 부모도 마찬가지입니다. 변화무쌍한 아이를 지켜보는 부모도 힘들 수밖에 없습니다. 하지만 부모가 두손 놓고 "너만 아프냐? 나도 아프다."라고 말하고 있을 순 없습니다. 아이가 사춘기를 잘 이겨낼 수 있도록 도우려면 부모에게 필요한 것은 무엇일까요.

    가장 중요한 것은 공감입니다. 사춘기를 이해하고 아이의 마음을 공감해주는 능력 말이죠. 아이의 변화를 유연하게 받아들이고 어떤 행동이든 이해할 수 있다는 마음이 정말 중요합니다. 아이들은 부모의 공감과 지지를 통해 성장합니다. 사춘기 아이의 변화를 당연한 것으로 여기고 이를 한심한 눈으로 바라보지 않아야 해요. 아이들이 실수하고 실패하더라도 성급한 비난을 하지 말아야 합니다. 아이가 왜 그런 결과를 냈는지 그 과정을 들어주는 여유가 있어야 해요.

눈앞에서 천불이 나게 행동하는 아이를 두고 그 과정을 살펴보고 들어주며 공감해주는 것. 이런 마음의 여유와 공감은 부모 마음을 먼저 안정시키는 것에서 시작합니다. 비행기에 타면 안전 안내를 하잖아요. 보호자가 먼저 안전장치를 한 다음에 아이를 준비시키라고요. 그와 같습니다. 부모가 허둥지둥하다가는 아이와 부모 모두 마음의 상처를 받을 수 있어요. 부모 마음이 안정되고 여유가 있어야 아이도 돌아볼 마음이 생깁니다. 아이에게 반응하기 전, 내 마음이 편안한지 먼저 돌아보세요. 아니라면 절대 아이와 대화 금지입니다. 내 마음과 몸이 편안할 때 아이와 대화도 나누고 아이의 고민을 나누세요. 그래야 아이와 부모 모두 편안하게 대화를 이끌어갈 수 있습니다. 사춘기 부모에게 가장 필요한 것은 마음의 여유라는 것을 잊지 마세요. 내가 먼저 행복하고 여유가 있어야 아이를 돌볼 여력도 생깁니다.

아이에게 열린 마음과 더불어 필요한 것이 관용과 용서입니다. 아이는 사춘기에 수많은 실수를 할 것입니다. 때로는 부모 마음에 상처가 되는 막말을 할 수도 있어요. 독립해보겠다고 지금까지 부모의 돌봄을 무시하고 거부할 수도 있습니다. 내 모든 것을 거부당하는 생각에 세상이 무너지는 기분일 겁니다. 하지만 이 갈등 앞에서 부모는 아이의 모든 행동을 수용할 수 있는 아량이 필요합니다. 아이와의 관계에 중점을 두고 갈등을 생각해보는 것입니다. 그래야 아이들이 실수하고 실망감을 주었을 때라도 변함없이 이해하고 보듬어줄 수 있습니다. 이제껏 아이의 신체적 성장에 초점을 맞추었다면 사춘기는 아이의 몸과 마음 모두의 성장에 신경을 쓰셔야 해요. 아이는 부모를 믿을 수 있는 환경 안에서 자신의 가능성을 무한히 드러낼 수 있습니다. 흔들릴지언정 벗어나지는 않게 되죠.

아이가 사춘기에 전혀 예상하지 못한 행동으로 부모에게 상처를 주더라도 믿음과 사랑으로 눈 딱 감고 한 번 더 용서하고 봐주세요. 아이를 잘 못 키운 게 아닌가 자책하지도 말고 이 또한 지나가리라 생각해 주세요. 이 시기를 잘 보내면 아이는 방황을 끝내고 눈부신 모습으로 성장할 거라는 사실을 흔들림 없이 믿어야 합니다. 그리고 지금 한 번의 실수나 나쁜 행동이 평생 아이가 할 행동이라고 성급하게 생각하지 마세요. 아이가 혼나서가 아니라 스스로 잘못을 깨닫고 뉘우쳐 다시는 그 행동을 하지 않는 것에 목표를 두세요. 그러면 아이를 좀더 쉽게 용서 할 수 있을 것입니다.

관심과 지지를 보내되 아이의 독립성을 지켜주는 노력도 필요합니다. 사춘기 아이는 홀로 서고 싶어해요. 아직 미숙한 아이가 혼자 해보겠다고 하니 걱정되고 불안하기도 할 겁니다. 하지만 아이는 우리가 생각하는 것보다 많이 성장했습니다. 할 줄 아는 것이 많아요. 아주 위험한 상황이 아니라면 일정한 가이드와 지원을 제공하고 혼자 해볼 수 있게 기회를 주세요. 그 마음을 인정해주세요. 아이는 해내고 그 결과를 자랑스럽게 부모에게 보여주고 싶을 겁니다. 혹 문제가 발생하더라도 최소한의 조언만 하세요. 어린 아이에게 하듯 계속 관여하는 것은 금지입니다.

아이에게 원하는 모습이 있다면 말로 지시하는 것이 아니라 스스로 모범이 되어주세요. 아이가 부모의 모습을 보면서 배우게 될 거예요. 자연스럽게 알아갈 것입니다. 일관성 있고 긍정적인 모델로 아이와 대화하며 올바른 가치를 일깨워주세요. 아이들이 커서도 혼자서 살아갈 수 있는 힘을 얻게 될 테니까요.

아이는 성장하는데 부모가 아이에게서 심리적인 독립을 못 하는 경우가 많습니다. 나의 분신처럼 여기고 아이를 조정하려 하죠. 물론 사랑하기 때문이라는 것은 알지만 이런 사랑 아래서는 아이가 바른 성장을 할 수가 없습니다. 아이가 오늘 반항하고 소리지르는 이유가 바로 그 넘치는 사랑 때문입니다. 이제껏 아이에게 준 사랑으로 충분합니다. 부모의 사랑을 흠뻑 받은 아이는 한 사람의 인격체로서 자라날 준비를 마쳤습니다. 지금부터는 아이가 스스로 부딪혀 성장하고 자랄 수 있도록 개방적이고 이해심 있는 태도로 지켜볼 차례입니다. 아이는 이제껏 잘해왔고 앞으로도 잘 자랄 거에요. 의심하지 마시고 변함없이 사랑해주세요. 단, 거리두기를 하면서요.

아이와 함께 성장하라

아이를 키우다 보면 부모의 모난 부분이 드러납니다. 그러다 서로의 부족한 부분이 부딪혀 아프고 상처가 납니다. 그 모난 부분을 둥글게 만들어야 아이도 부모도 상처가 덜할 겁니다. 괴롭고 아프지만 피할 수 없는 과정이죠. 어떻게 하면 아이도 부모도 상처를 덜 받으면서 함께 자랄 수 있을까요.

우선 소통이 중요합니다. 서로가 무엇을 생각하고 있는지를 오해 없이 이해하는 대화 말이죠. 아이들의 생각과 감정, 관심사에 귀를 기울이고 들어주세요. 훈수를 둔다거나 가르치겠다는 생각은 접어두고 정말 친구의 입장이 되어 듣는 겁니다. 아이는 말하면서 배우게 될 겁니다. 자신의 잘못을 깨우치게 될 거예요. 마음을 들여다보면서 자신에 대해 알아갈 겁니다. 그 모습을 지켜보며 부모 또한 자신의 모습을 투영해보겠죠. 자신과 닮았지만 다른 아이의 모습 안에서 자기 모습을 볼 거예요. 우리는 타인과의 대화를 통해서 자신을 성장시킵니다. 아이에게 그런 대화 상대가 되어주세요. 이런 소통을 통해 아이는 자라고 부모 또한 함께 성장할 것입니다.

아이와 공동 목표를 설정하는 것도 방법입니다. 부모와 자녀가 함께 공동으로 목표를 정하고 노력해보는 거죠. 가족여행이나 취미, 스포츠 활동을 해보는 거예요. 아이라고만 느꼈던 자녀의 성숙한 모습을 접하게 될 거예요. 때로는 아이가 앞서가는 모습도 있을 거고요. 뒤처진 부모를 돕는 아이에게서 힘을 얻기도 할 거예요. 이런 과정에서 자녀가 아닌 친구처럼 느껴질 거예요. 이렇게 대등하게 관계를 맺기 시작하면 서로를 보완해줄 수 있는 기회도 생길 겁니다. 마음껏 응원하고 성장을 축하해주는 동료같은 기분도 들죠. 이런 경험이 아이와 부모 모두에게 행복감과 만족감을 줄 것입니다. 아이에게 자율성을 보장하고 믿음을 주면서 기회를 제공하는 소중한 기회를 잊지 마세요. 아이도 부모도 모두 성장하는 기회가 될 테니까요.

부모와 자녀 모두 각자의 시간과 공간을 존중해야 해요. 가족 시간을 만들고 함께 식사를 하며 공동의 프로젝트를 완성한다는 것이 모든 시간을 함께해야 한다는 의미가 절대 아닙니다. 공동의 목표 활동이 끝나면 각자의 시간을 가져야 합니다. 아이가 자신의 시간을 갖는 것을 존중해야 합니다. 특히 사춘기의 아이들은 이 시간과 공간을 정말 중요하게 생각합니다. 아이의 잠재력이 발산되기 위해서도 그 시간이 꼭 필요합니다. 혼자 있으면서 자신에 대해서 고민하고 생각할 때 성장하게 됩니다. 이렇게 같이 또 따로 갖는 시간을 존중해야 건강한 가족으로 상호 성장합니다. 부모가 지나친 통제와 간섭을 하게 되면 아이는 반항심만 늘어납니다. 균형 잡힌 관계를 통해 서로를 존중하는 태도를 생활화하세요.

사춘기는 아이만 성장하는 시간이 아닙니다. 부모도 사춘기 아이의 성장을 바라보면서 함께 아파하고 흔들리며 성장합니다. 우리가 제자리에만 머문다면 이렇게 공부하고 노력할 이유가 없을 거예요. 내가 성장하려고 하니 이렇게 혼란스럽고 고민이 되는 겁니다.

아이들은 자라면서 내게 결핍된 것들을 자극하고 그 부분을 드러내게 만듭니다. 감추고 싶었던 나의 부족함이 드러나고 부딪히게 되는 거죠. 우리도 몸은 성인이지만 마음속 어느 부분은 어린 시절 받은 상처가 그대로 머물러 있잖아요. 그 부분을 아이가 자극할 때면 더 아픕니다. 하지만 아이 잘못이 아니에요. 내 부족한 부분 때문에 아픈 것이에요. 이 기회에 우리도 아이와 함께 성장할 수 있습니다. 모자란 부분, 아직 성숙하지 못한 부분을 드러내고 아이와 함께 성장하는 겁니다.

잘못해서 아이에게 상처를 줬을 때는 사과하고 내가 부족해서 그랬음을 인정하세요. 그 과정에서 부모를 이해해주는 넓은 아량을 가진 아이를 만나게 될 거예요. 아이는 분명히 나보다 나은 존재입니다. 그렇게 멋지게 키우셨잖아요.

내가 지적하고 지시하고 이끌어야만 하는 존재가 아닌, 나보다 나은 부분이 있는 훌륭한 인격체라는 것을 인정하면서 함께 성장해보세요. 아이는 완벽하지 않은 부모를 절대 부끄럽게 여기지 않습니다. 무시하거나 대들지 않아요. 오히려 사랑으로 안아줄 거예요.

아이 품에서 따뜻하게 머물며 다시 성장할 힘을 얻었으면 다시 아이를 응원해주세요. 그렇게 서로 좋은 영향력을 주고받으며 함께 자라는 것이 사춘기입니다. 사춘기 아이 혼자 아프고 흔들리게 두지 마시고 자신의 상처가 드러날까 두려워 마시고 아이 곁으로 한 발 성큼 내딛으세요. 손을 꼭 잡고 아이와 함께 성장해보세요.

2장

사춘기 공부는
정서 안정이 전부

기분이 오락가락, 맞추기 힘들어요

아이 기분을 도저히 맞출 수가 없어요. 아무리 호르몬의 변화 때문에 감정 기복이 심하다고 해도 이건 도를 넘은 정도입니다. 하루는 기분 좋게 저녁을 먹고 나서 표정이 안 좋은 거예요.

"학교에서 안 좋은 일이 있었니?"

"아니. 저녁을 너무 많이 먹어서 살이 찔까 봐 갑자기 기분이 안 좋아졌어."

행복하게 밥을 먹을 때와는 순식간에 달라져 신경질적으로 외치더라고요.

"왜 안 말렸어!"

잉? 그대로 당했어요. 눈 뜨고 코 베였죠. 아니, 배고프다고 고기 노래를 불러서 해줬더니 돌아오는 건 원망뿐이라니…. 어느 장단에 맞춰야 할지 정말 알 수가 없어요.

이런 일이 한 두번이 아니에요. 내 목소리 톤이 조금만 안 좋다 싶으면 자기가 더 신경질을 내요.

"엄마 말투 때문에 기분이 나쁘다고!"

자기 반응 때문에 내 기분이 더 상한 건 절대 모르죠. 내 기분을 살피는 것처럼 하지만 실제로는 제왕처럼 굽니다. 오락가락한 자기 기분을 다 맞춰달라는 식이에요. 상전도 이런 상전이 없습니다. 맞추는 것도 어느 정도껏 이죠. 순식간에 변하는 기분을 내가 어떻게 다 맞추냐고요. 논리적인 듯하다가 감정적으로 변하기 시작하면 폭풍이 몰아치는 것 같아요. 아이 눈치 보느라 폭삭 늙는 기분입니다.

 사춘기 반응

엄마는 왜 맨날 나한테 화를 내는 걸까요? 한 번도 친절하게 말하 는 경우가 없어요. 늘 불만투성이에요. 엄마하고 조금만 말을 하면 기분이 나빠진다니까요. 한참 기분이 좋았다가도 기분이 나빠지는 건 순전히 엄마 때문이에요.

맛있게 고기를 먹고 있는데 엄마가 한심한 얼굴로 쳐다봤어요. 그러면 입맛이 싹 달아나요. 공부도 못하는 내가 고기만 먹는 게 마음에 안든 거죠. "그렇게 맛

있어?"라고 말하는데 말투에 가시가 돋쳐 있어요. 그 말을 듣는 순간 욱하고 올라와요.

나 정도면 괜찮은 편인데 왜 그렇게 불만이 많을까요? 엄마가 사사건건 내 행동에 잔소리를 하니까 현관에 들어서는 순간 좋던 기분도 망가져요. 엄마랑 함께 있고 싶지 않아요. 내 기분이 오락가락한 게 아니에요. 엄마가 내 기분을 망치는 거죠.

그것도 모르고 엄마는 내 기분 맞추기가 너무 어렵대요. 엄마가 친절하게만 대해 주면 기분이 나빠질 리가 없잖아요. 학교에서 기분 좋게 돌아왔는데 엄마가 어두운 얼굴을 하고 있으면 기분이 상해요. 마치 나 때문에 그런 것 같거든요.

엄마가 먼저 화를 낸다니까요. 기분을 맞추기 어려운 건 바로 나예요. 엄마가 다른 사람에게 하듯 조금만 친절해도 내가 그러지 않을 거예요. 엄마는 내 기분 따위는 상관없어요. 실상 엄마 기분만 신경 쓰면서 늘 내 탓을 하는 거죠. 남들 신경 쓰느라 나한테는 마음도 안 쓰고 내가 맞춰주기만 바라잖아요. 그래놓고 마치 내 기분을 엄마가 알아주는 듯이 말을 하면 정말 화가 나요.

엄마는 항상 친절하고 밝고 잘 웃는 공부 잘하는 아이를 기대하는 거잖아요. 내가 성에 안 차니까 매번 저렇게 뾰로통한 거고요. 제발 엄마 마음속을 들여다보고 엄마 표정과 기분부터 살폈으면 해요. 내. 핑.계. 대.지. 말.고.요.

원수 같은 내 새끼

　오, 이런 서로가 말로 상처를 주고 속상해 하네요. 사춘기 아이의 감정은 하루에도 열두 번은 오락가락합니다. 유독 엄마나 아빠랑 있을 때 심한 것 같죠. 낳아주고 길러준 부모에게 이럴 일인가 싶은 사소한 일이 발단인 경우가 많을 겁니다. 어릴 때 순종적이고 부모와 관계가 좋았다면 더 당황스러울 거예요. 한 번도 저런 말투, 성난 눈빛을 보여준 적이 없는 아이였을 테니까요.

　아이구, 내 신세야. 이 나이에 이게 무슨 일인가 싶어 울컥 서글프기도 할 겁니다. 안 그래도 나이가 들어 몸도 예전 같지 않아 속상한데, 그 외로움과 아픔을 알아주기는커녕 대들고 원망만 하다니. 모든 게 엄마 탓이라며 퍼부어댈 때는 섭섭해 눈물이 핑 돌 거예요.

　"내 생애 가장 소중한 내 아이가 내 생애 가장 나를 아프게 합니다. 나 때문에 기분이 나쁘다고 원망하는 아이를 보며 허무함과 자괴감이 듭니다."

호르몬이 범인

　우리 슬픈 마음은 잠시 접어두고 냉정하게 생각해보자고요. 아이는 왜 그렇게 기분이 오락가락하는 걸까요? 아이 말처럼 진짜 엄마 때문일까요? 물론 엄마가 아이를 힘들게 하는 건 맞아요. 가장 가까이에서 아이를 지켜보니 잔소리 횟수가 가장 많은 게 엄마일 수밖에 없죠. 하지만 그것이 전부는 아니에요. 아이를 참을 수 없게 만드는 주범은 사춘기의 호르몬 변화입니다.

사춘기에는 호르몬의 영향으로 기분 변화가 잦아집니다. 일관성이 없고 불안정하죠. 정서의 기복이 심해지면서 자주 반발하게 됩니다. 정서가 불안정하니 욕구불만도 많아져요. 자신의 감정과 행동이 타인에게 어떤 영향을 줄지 생각하지 못합니다. 일부러 그러는 건 아닙니다. 그저 호르몬이 변화해서 그럴 뿐이죠. 눈에 보이질 않으니 그저 불안정한 감정만 남아 불안정한 시기를 보낼 수밖에 없습니다.

부모님들은 그걸 이해하기 힘들 겁니다. 신체적으로 외형적으로 자란 아이가 눈앞에 있으니까요. 저렇게 큰 아이가 자신의 감정에 미숙하다는 것이 선뜻 이해되지 않습니다. 외모로 볼 때는 어른과 크게 다르지 않으니까요. 또 지금보다 나이가 어릴 때는 이렇지 않았으니 오히려 다 큰 아이가 생떼를 부린다고 느낍니다. 아이에 대한 부모의 기대치와 아이의 상태가 일치하지 못하는 과정에서 부딪힐 수밖에 없는 거죠.

성숙은 아픔 그리고 실수와 함께 찾아옵니다. 내 아이가 흔들리고 감정이 오락가락하는 것도 그렇습니다. 잘 자라려고 그러는 거예요. 이리저리 흔들려봐야 더 깊이 뿌리를 내립니다. 겨울이 혹독해야 봄이 더 찬란한 것처럼 말이죠. 내 아이의 감정이 흔들린다는 것을 받아들이세요.

지금 우리가 아이에게 해줄 것은 비바람을 막아주는 것이 아니라 아이가 이겨낼 수 있다고 믿고 응원하는 것입니다. 아이가 흔들린다 책망하지 말고 곁에 있어 주세요. 아이는 당연히 겪어야 할 과정을 겪고 있는 것 뿐입니다.

흔들리지 않고 피는 꽃은 없습니다. 아이 기분이 오락가락한다면 지금 잘 자라고 있다는 뜻입니다. 아이를 책망하지 마세요. 아이의 흔들림을 기꺼이 응원해주세요. 흔들리면서 뿌리를 깊이 내려 찬란하게 피어날 거라 믿어주세요.

부모가 먼저 보여주는 감정 조절

감정이 오락가락하는 아이에게 똑같이 감정적으로 대하지 마세요. 서로 마음만 상하고 관계 개선은 되지 않습니다. 아이가 감정적으로 변할수록 부모는 이성을 찾아야 해요. 이성적이고 논리적으로 대처해야 서로가 안전해집니다. 서로가 안전한 상황일 때 다음 단계로 성장할 수 있습니다.

아이가 감정적으로 행동할 때 가만히 아이를 바라보세요. 아이가 도대체 무엇 때문에 그렇게 힘든지 조용히 지켜보세요. 아이의 울부짖음을 들어주세요. 그리고 기다려주세요. 그 마음이 가라앉으면 아이가 이야기할 수 있을 거예요. 도대체 어떤 부분이 자신을 그렇게 감정적으로 만들었는지 말이에요. 그 과정을 통해서 아이는 한 뼘 성장합니다. 감정은 다뤄야 할 존재라는 걸 알고 어떻게 하면 잘 다룰 수 있을지 고민할 거예요. 그러면서 안정된 정서로 나아가게 됩니다.

소리 지른다고, 버릇없다고 더 세게 누르려고 만했다면 제발 멈추세요. 아이와 감정적으로 부딪히는 것은 미숙한 부모입니다. 미숙한 부모 아래서 자란 아이는 역시 미숙한 감정 상태로 흔들릴 수밖에 없습니다. 부모가 먼저 성숙한 감정정리를 하고 아이를 대하세요. 아이와 감정적으로 맞대응하지 말고 일단 생각하세요.

'저 아이는 미숙하다. 어려서 감정조절이 어렵다. 나에게 덤비고 부모의 권위를 무시하려는 게 아니다.'

감정이 미숙해서 흔들리는 아이도 힘이 들어요. 화내고 나면 기운이 쏙 빠지는 것처럼 말이에요. 아이가 자신의 상황을 들여다보고 이성적으로 자신의 감정을 다룰 수 있도록 먼저 보여주세요. 아이도 한 걸음 한 걸음 부모의 이성적인 가르침을 배워 성장할 겁니다.

싸움이 잦고 흥분을 가라앉히기 힘들어요

아이가 도대체 왜 그런지 모르겠어요. 아들이라서 어려서부터 힘들긴 했어요. 틈만 나면 몸으로 부딪치며 놀고 싶어 하니까요. 아이가 쓰라는 머리는 안 쓰고 몸으로 표현하는 게 늘 못마땅했죠. 그러더니 이제 친구들과도 그래요. 툭툭 치고 팔로 목을 감아 조르면서 장난을 치더라고요. 가만히 서서 말을 하면 큰일이라도 나는 아이처럼 말이에요. 도대체 노는 건지 싸우는 건지 구분이 안 되더라고요. 아이는 친구들이랑 그야말로 몸의 대화를 하는 것이라는데 저는 영 마음에 들지 않았어요. 마치 싸우는 것처럼 보여서 말이에요.

그 장면을 본 후로 늘 조마조마했는데 결국 일이 벌어지고 말았어요.

아이가 집에 오더니, 담임선생님에게 전화가 올 거라더군요. 내일 학교에 가야 할 거라고요. 친구와 몸싸움을 했다고. 깜짝 놀라 아이를 살폈는데 어디 다치진 않았더라고요. 그렇다는 것은 아들이 상대를 때렸다는 거잖아요. 이건 뭐 깡패도 아니고 순간 화가 나서 도대체 '왜?'라는 생각만 들더라고요. 불편한 점이 있으면 말로 하면 되잖아요. 어이없이 아들을 보는데 정작 본인은 태연한 표정이더라고요. 아들 덕분에 난생처음 학교에 불려갔어요. 결국 둘이 놀다가 장난으로 그런 거라며 화해하고 마무리됐어요. 학교폭력으로 연결되었으면 어쩔 뻔했을지 다시 생각해도 아찔하답니다.

사춘기 반응

엄마는 진짜 남자에 대해서 몰라요. 걔가 평소에도 자주 깐죽대더니 이번에는 더 그랬어요. 나를 놀리더라고요. 화가 나서 팔을 세게 잡고 까불지 말라고 했습니다.

학기 초에 새롭게 반 편성이 되면 서열 다툼이 시작되거든요. 힘센 순으로 순위가 정해집니다. 중간에 몇 번 서열 정리를 다시 하기도 하죠. 그래서 제가 운동을 게을리하지 않는 겁니다. 그런데 그 녀석이 나보다 약한 주제에 저한테 까부는 겁니다. 이번 기회에 서열 정리를 확실하게 하려고 살짝 겁을 준 거예요. 때리지도 않고 그냥 팔을 붙잡은 게 다입니다. 그런데 까불까불하던 녀석이 갑자기 울더라고요. 처음부터 덤비지 않았으면 좋았을 거 아닙니까. 팔을 세게 잡은 걸로 사태가 커진 거예요. 친구랑 몇 마디 하면 풀릴 일이었어요. 담임선생님이 일을 크게 만든 거죠. 어른들은 일을 크게 만드는 데 재주가 있는 것 같아요.

난생처음 학교에 불려온 엄마는 그 화풀이를 내게 몽땅 쏟아냈습니다. 그렇게 치욕스러울 수가 없었다면서요. 치고받고 하면서 서로 돈독해지는 관계도 있는데…. 엄마는 그걸 전혀 이해 못 해요. 만날 "말로 해라, 말로 해라." 하는데 말로만 하라고요? 절대 불가능해요. 그걸 알지도 못하면서 화를 내는 엄마가 정말 싫어요. 이 일로 앞으로 또 얼마나 많은 잔소리를 퍼부을지 상상만 해도 머리가 깨질 것 같아요. 엄마는 한 번 시작하면 잔소리가 끝나지 않아요. 차라리 한 대 맞고 끝났으면 좋겠어요. 간단하잖아요. 나를 이해하지도 못하면서 참을 수 없는 잔소리만 늘어놓는 엄마가 너무 답답합니다.

아들은 '남자' 아이

여자인 엄마가 남자인 아들을 이해하는 일은 쉽지 않습니다. 대부분 어머니들은 타인과 대화로 의사소통을 하고 감정이 격해져도 말싸움으로 번진 정도가 전부일 겁니다. 그러다 보니 몸을 사용한 의사소통은 곧 싸움이라고 생각하죠. 몸싸움을 한다는 건 대단히 무식하고 수준 낮은 행위라고 여깁니다. 나의 교양과 인격으로는 도저히 용납이 안 되는 행동이죠.

그런데 내 자식이 자꾸 그런 행동을 해요. 그러더니 급기야 친구와 싸우고 왔대요. 이것만으로도 심장이 쿵 내려앉는 것 같은데, 학교에서 전화까지 왔습니다. 으악! 어머니가 졸도하지 않은 게 다행일 정도의 상황입니다.

'도대체 내가 이 아이에게 무엇을 부족하게 했기에 이렇게 폭력적인 아이가 되었을까. 진짜 우리 애가 그랬다고? 착오가 있는 게 아닐까? 내가 얼마나 사랑과 믿음으로 금이야 옥이야 정성들여 키웠는데…'

별의별 생각이 다 듭니다. 눈물이 핑 돌기도 하죠. 아이에 대한 실망이 이만저만이 아닙니다. 실제로 학교에서는 여학생 어머니가 학교에 오시는 경우보다 남학생의 경우가 더 많습니다. 어머니는 여학생으로 살아왔으니 학교에 불려가는 일은 치욕 그 자체입니다.

이 심란한 마음으로 아들 녀석은 돌아보는데 아, 아무렇지도 않습니다. 싸운 게 뭐 대수냐는 태도네요. 감히 엄마를 학교에 죄인으로 불려 오게 해놓고는 말이죠. 태도가 너무너무 괘씸할 거예요. 충분히 이해합니다. 저도 그랬어요. 아들의 거침없는 행동에 가슴 졸이며 저 녀석을 어떻게 해야 잘 키울지 고민이 되어 잠을 못 이룬 적이 많았습니다. 어릴 때부터 불안불안 하던 그 행동들이 사춘기가 되니 그 에너지가 극대화되어 언제 폭발할지 모르는 폭탄처럼 느껴졌죠.

사춘기가 되면 남자아이들은 테스토스테론이 이전에 비해 1,000%나 많이 방출됩니다. 이 호르몬은 편도체를 지속적으로 자극하죠. 편도체는 위계나 서열 형성과 관련이 깊습니다. 아들이 사춘기에 유독 힘 싸움을 하고 공격성을 표현하는 이유가 바로 이 호르몬 때문입니다.

공격하라! 거역할 수 없는 테스토스테론 명령

아이도 엄마를 속상하게 하려고 그러는 게 아니에요. 아이들의 뇌는 공격 호르몬이 발산되는 순간, 자신도 감당할 수 없을 정도의 폭발적인 공격성을 보입니다. 이성적인 생각을 할 틈이 없죠. 그리고 흥분이 가라앉고 나면 별 거 아닌 걸로 친구에게 너무 과했다고 반성합니다. 그럼 친구를 툭 치며 미안하다고 하고 친구도 대수롭지 않게 사과를 받아들입니다. 남자아이들 사이에서는 너무나 흔한 일이니까요.

그러니 혹시라도 학교에서 연락을 받게 되더라도 너무 놀라지 마세요. 일단 깊게 호흡을 하세요. 절대 이 일로 아이가 깡패가 되지 않습니다. 우리 아이는 이미 옳고 그른 것이 무엇인지 아주 잘 알고 있습니다. 그저 이건 사춘기의 건강한 공격성일 뿐입니다.

지금 아이는 순간적으로 분출하는 테스토스테론을 조절하는 법을 배우고 있습니다. 마치 갓 태어났을 때 어떻게 잠들어야 할지 몰라 칭얼칭얼 울면서 잠들지 못하는 것과 같아요. 내 몸에서 일어나는 일인데 익숙하지 않으니 이것을 내 것으로 조절하는 법을 알 때까지 시간이 걸리는 것입니다. 우리는 이때를 사춘기라고 부르기로 한 것이고요.

이런 모습을 보이는 아이들에게 부모들이 먼저 흥분해서 내 아이, 상대방 아이 할 것 없이 폭력적이라며 비난하지 않았으면 좋겠습니다. 되도록 말로 표현하라고 따끔하게 말하는 정도면 충분합니다. 아무리 사춘기라고 해도 그 공격성이 타인을 해치지는 않아야 한다는 사실만 확실하게 알려주면 됩니다. 아이도 자신이 잘못했다는 것을 알고 다음에는 조절해야겠다고 이미 생각하고 있습니다. 부모님의 믿음만 있다면 그 다음은 알아서 잘 클 겁니다. 물론 일방적이고 지속적인 괴롭힘이 있었는지는 알아보아야 합니다. 아이의 행동이 일시적 충동인지 의도적 폭력인지는 분명 다르니까요.

아이도 지금 반성하는 중입니다. 학교는 아이의 사회입니다. 이곳에서 사회생활을 하고 있죠. 타인의 시선을 신경 쓰는 사춘기의 특성상 친구들의 평가에도 매우 민감합니다. 이번 일을 계기로 자신의 위치가 흔들릴 수 있음을 알았을 거예요. 조심할 겁니다. 스스로 테스토스테론을 조절하려 노력할 겁니다. 그러니 이때 우리는 긴말하지 말고 믿는다는 한마디로 끝내자고요.

남자와 여자는 다른 점이 참 많습니다. 그 차이점을 이상한 점이 아닌 장점이라고 생각하면 어떨까요? 그 장점에 반해서 남편과 결혼했고, 그 장점을 가진 아들이 믿음직스러운 적이 있었잖아요. 차이를 이상하게 보지 않고 인정해주세요. 그것에서부터 아들에 대한 이해를 시작할 수 있습니다.

자신만의 우주를 만드는 아이

남자와 여자의 차이점이 도드라지는 것이 사춘기입니다. 남성성과 여성성이 극대화되어 자신의 매력을 발산하는 성인으로 자라게 되는 것이죠. 그 과정에서 부딪히고 깨질 수밖에 없습니다. 아들에 대해서 화가 나거나 이해할 수 없다는 생각이 들면 그만큼 내 공부가 부족한 것이라 여겨보세요. 나와 전혀 다른 개체인 자녀, 그것도 성까지 다른 아들을 이해하기 위해서 나는 얼마나 노력했는가를 돌아보세요.

한때 아이의 우주는 엄마인 나로 가득 차 있었죠. 엄마인 내 우주 안에서 자신의 우주를 만들고 안전하게 날아다니며 생활했습니다. 어느새 커버린 아이에게 내 우주는 이제 비좁습니다. 아이는 이제 엄마의 우주를 벗어나 자신만의 우주를 만들어야 할 때가 온 것입니다. 아이는 엄마의 안전한 우주를 벗어나는 것이 힘들고 두렵습니다. 하지만 그래도 하나하나 만들고 있습니다. 이렇게 자신만의 우주를 만들어가는 아이를 응원해주세요. 그리고 나와는 다른 방법으로 만든 아이의 우주, 나의 것과는 다른 그 우주에도 장점이 있음을 인정하고 감사하는 여유를 가지세요. 지금 우리에게 필요한 것은 이뿐입니다.

한 가지 큰 사건이 아이의 인생을 바꾸는 경우가 있습니다. 하지만 사춘기에 일어나는 아들의 몸싸움이 인생을 바꾸는 큰 사건일 가능성은 매우 희박합니다. 앞으로 아이에게는 많은 일이 있을 것입니다. 그럼에도 자신만의 빛깔과 매력을 가진 멋진 남자로 잘 자랄 겁니다.

아들이 주먹 한 번 썼다고 깡패 취급하면 안 됩니다. 몸을 많이 쓰는 남자들 사이에서는 중요한 능력입니다. 다만 주먹을 진짜 써야할 때와 아닐 때를 스스로 분별할 수 있는 눈을 길러 주는 것, 그것으로 엄마의 역할은 충분하지 않을까 싶습니다. 아이가 그렇게 행동한 데는 이유가 있었을 거라고 아이를 믿고 아이가 스스로 그 매듭을 풀 때까지 기다려주는 여유가 필요한 때입니다.

친구 관계 때문에 할 일을 못 해요

친구라면 할 일 다 제쳐 두는 아이 때문에 너무 속상해요. 숙제하다가도 친구가 놀자고 하면 두말없이 달려 나갑니다. 아이가 착해서인지 유독 아이를 이용하는 친구들이 주변에 많아요. 무언가 혼자 하기 힘들 때 우리 딸을 부릅니다. 그럼 아이는 며칠 전부터 그 약속을 지키기 위해 온 신경을 다 쓰죠. 문제는 먼저 도움을 요청한 아이 친구들은 그 약속을 별로 중요하게 생각하지 않아서 되려 아이가 친구를 기다리는 꼴이 되더라고요. 이런 건 거절하라고 해도 아이는 말을 듣지 않습니다. 그럴 수도 있다고 이해하고 넘어가요. 좋은 거 있으면 친구 먼저 챙기기 바빠요. 친구 생일이면 자기 돈을 아낌없이 씁니다. 모두에게 그렇게 잘 퍼주냐 하면 그것은 또 아니에요. 가족, 특히 자기 언니에게는 그런 친절 따위는 없습니다. 오히려 못 잡아먹어 안달이죠. 조금이라도 자기에게 불리한 것 같으면 얼마나 화를 내는지 몰라요. 그런데 친구에게만은 유독 친절하고 헌신적입니다.

당차고 야무져도 힘든 세상에서 남 좋은 일만 시키고 자기 이익은 하나도 못 챙기니 답답합니다. 친구에게 이용만 당하다 상처받을 수도 있는데 지금 자기에겐 친구가 너무 중요하다는 말만 계속합니다. 물론 그 나이 때 친구가 얼마나 중요하겠어요. 알죠, 알아요. 하지만 친구보다 자신이 먼저라는 사실을 잊는 것 같아 문제입니다. 친구에게 양보하기 전에 자신을 먼저 챙겼으면 좋겠습니다. 아이가 언제쯤 야무지게 친구 관계를 만들어갈 수 있을까 걱정입니다.

사춘기 반응

엄마는 저보고 매번 바보 같다고 해요. 야무지지 못하다고요. 어떻게 친구에게 매번 양보만 하냐면서 언니한테도 그렇게 양보 좀 하라고도 하죠. 언니와 친구가 같나요? 친구는 언니처럼 따지지도 시비를 걸지도 않아요. 내 마음도 잘 알아주고요. 언니를 친구랑 같이 대접하길 바라는 것 자체가 말이 안 되는 일이에요.

친구는 지금 내게 너무나도 소중한 존재예요. 누구보다 내 마음을 잘 알아주죠. 내가 힘든 일이 있을 때 나보다 더 걱정해주는 존재가 있다는 건 정말 행복한 일이에요. 가족 말고 그런 존재를 처음으로 갖게 된 거라고요. 생각도 비슷하고 내가 좋아하는 것이 뭔지 초성만 말해도 알아요. "나 때는 말이야" 같은 잔소리도 없어요. 내게는 더없이 소중한 존재예요. 친구만 생각하면 기분이 좋아져요.

가끔 엄마가 그런 친구를 욕하면 참기가 어려워요. 친구들이 어른들 보기에 예쁘지 않은 행동을 가끔 해요. 저도 알아요. 저도 그걸 잘했다고 말하지는 않아요. 또 가끔 제가 일방적으로 기다려야 할 때가 있어 속상하기도 했어요. 하지만 그건 한 부분이잖아요. 일부러 그러는 것도 아니고요. 걔가 원래 예의가 없고 성격이 이상한 애가 아니라고요. 이상하면 어떻게 나랑 친구가 됐겠어요. 분명히 좋은 점을 가지고 있는 친구예요. 친구가 저에게 실수했을 때도 들어보면 저는 그 친구 상황이 다 이해가 간단 말이에요. 저도 비슷한 실수를 하기도 하고요. 아무것도 아닌데 엄마는 왜 내 친구를 좋게 봐주지 않는 거죠? 왜 내가 좋아하는 데에는 이유가 있을 거라고 생각하지 않냐고요. 전 그게 너무 서운해요. 나를 믿는다면 내가 선택한 친구도 함께 믿어줘야죠.

엄마가 좋아, 친구가 좋아? 친구!

친구는 가족 말고 자신의 슬픔을 나눠 가질 수 있는 존재입니다. 사춘기는 이러한 친구 관계를 처음으로 제대로 경험해보는 시기입니다. 미숙한 발달 시기인 초등 저학년까지의 친구는 같은 공간, 경험을 공유하는 것 이상의 의미를 갖기는 어렵습니다. 사춘기를 겪으면서 친구의 중요성이 커집니다.

사춘기 아이들은 가족에게서 독립하고 싶어합니다. 그러니 가족 말고 많은 시간을 보내는 친구에게 자연스럽게 관심이 갑니다. 우리 애만 그런 것이 아니라 아이 친구도 똑같은 성장 상태죠. 게다가 말은 또 얼마나 잘 통하나요. 부모님에게는 한참을 설명해야 알아듣는 것을 한 마디만 하면 열 마디를 보태며 맞장구쳐줍니다. 좋아하는 것, 관심 있는 것이 꼭 맞으니 또래와 이야기하는 것만큼 재미있는 일이 없습니다. 그러니 자연스레 친구에게 쓰는 시간이 늘 수밖에 없습니다.

자신이 속해 있는 집단에서 동질감을 느끼고 싶어 하는 사춘기 아이들에게 친구는 중요한 사회적 파트너이기도 합니다. 친구들 사이에서 튀는 것을 싫어하는 사춘기의 특징이 나타나면서 또래끼리 결속력은 더욱 커질 수밖에 없습니다. 또래와 다른 생각이나 행동을 하면 왕따라는 무거운 형벌을 받게 되거든요. 감성적으로 흔들리고 미숙한 사춘기 아이들에게 왕따든 은따든 친구들과 멀어지는 기분은 그야말로 공포입니다. 자신의 존재 자체가 거부당하는 느낌이 들 겁니다. 그래서 아이들은 죽기 살기로 또래 눈 밖에 나지 않으려고 노력해요. 죽기 살기라는 말이 딱입니다.

때로는 자신의 생각과 자존심도 모두 내려놓기도 합니다. 친구의 눈 밖에 나지 않기 위해서 자신의 생각을 제대로 표현하지 못하는 경우도 허다하죠. 이를 두고 부모는 답답해 합니다. 적당히 거리를 두고 신경 쓰지 않던 아동기의 친구 관계처럼 지낼 수 없는지 아쉬워하죠. 하지만 아이는 사춘기를 지내면서 그 강을 건너고 만 거예요. 가족 말고도 내 마음을 나눌 수 있는 존재가 있다는 걸 알아버린 것입니다. 이런 생각은 아이들에게 묘한 해방감을 줍니다. 부모의 일방적인 기대가 부담스러웠고, 자신의 생각을 주장하고 싶었던 아이들에게 친구는 그야말로 숨구멍이에요. 숨을 쉴 수 있는 사춘기의 유일한 통로입니다.

친구에게 왜 그렇게 집착하는지 다그치지 마세요. 지금은 아이에게 친구가 온 세상이에요. 아이가 가족 이외에 처음으로 맺은 깊은 인간관계죠. 거기서 상처받고 아파하면서 아이는 성장할 거예요. 아프지만 그럼에도 행복할 거예요. 아이가 성장하며 만나는 친구 관계를 존중해주세요.

친구를 만드는 건 사회 생활의 첫 단계

아이는 손해 보는 친구 관계라도 유지하고 싶어해요. 때로는 건강하지 못한 관계인 줄 알면서도 집착합니다. 손해를 본다 해도 괜찮다고 생각합니다. 그만큼 친구에게서 받은 게 많다고 생각하니까요.

우리가 어느 모임에 갔다고 가정해보자고요. 그 모임에서 나는 나와 결혼할 사람을 만날 수 있습니다. 그런데 모임 주최자가 한 대상을 정해주더니 그 사람과의 만남만 허락한다고 말합니다. 그럼 그 모임에 계속 나가고 싶을까요? 아무리 많은 데이터를 분석해서 정확하게 나에게 맞는 이상형과 맺어준 것이라고 해도 싫을 거예요. 나에게는 자유의지가 있으니까요. 내가 만나고 싶은 사람, 매력을 느끼는 사람이 다를 수 있는데, 누군가가 그 상대를 정해놓다니, 반발심을 갖게 될 거예요.

아이들도 마찬가지입니다. 부모가 하는 말 중에 "배울 점이 있는 친구랑 어울려라. 네 친구는 왜 다 그런 거니?" 등은 최악이에요. 아이 친구는 엄마 친구가 아니잖아요. 엄마가 정해주는 기준에 따라서 친구를 사귀려고 하지 않을 거예요. 엄마에게 조종당하는 기분이 들어서 반발심 마저 들 거예요. 조금 모난 구석이 있는 친구라도 내가 만나서 좋은 점을 배우면 그만이라고 생각할 겁니다. 실제 그렇기도 하고요. 이런 아이들의 생각을 존중해줘야 해요. 백 퍼센트 엄마 마음에 드는 모범생이라고 내 아이와의 궁합이 최상이라고 말할 수 없을 테니까요. 아이의 판단을 믿어주세요.

아이는 자신의 시선과 관점에서 맞는 친구를 찾고 있는 중입니다. 어쩌면 거칠어 보이는 친구와 친해질지도 모릅니다. 그때 그 친구에게서 세상 살아가는 방법을 배우고 있다고 믿으세요. 부모가 믿어주는 아이는 흔들리지언정 절대 떨어져 나가지 않습니다. 끝까지 기다려주면 아이는 훌쩍 자란 모습으로 부모 곁에 다시 설 거예요.

부모는 편안한 쉼터로 충분

지금 잠깐 아이가 친구 때문에 속상해 하고 이용당하고 있는 것처럼 보여도 너무 속상해 마세요. 아이도 그 친구에게서 자신에게 필요한 무언가를 채우고 있을 거예요. 상처 받기도 하고 위로 받기도 하며 아이는 자신만의 색깔을 만들어가는 겁니다.

엄마가 걱정하고 불안해 하면 아이는 그걸 느낍니다. 문제는 사춘기 호르몬이 아이의 판단을 왜곡시켜 엄마가 나를 조종하려 한다고 느낄 수 있어요. 자기 인생을 쥐고 흔들려 한다고 의심하는 거죠. 특히 자신이 좋아하는 친구에 대해 비난할 경우 자기 자신에 대한 비난으로 느낄 수 있습니다.

우리가 하는 것은 조종이 아니라 걱정이잖아요. 부모는 사춘기 아이에게 생각한 것을 모두 다 표현할 필요는 없습니다. 일희일비할 필요도 없어요. 길고 흔들리지 않는 안목으로 아이가 흔들릴 때 굳게 자리를 지켜주기만 하면 됩니다. 아이가 잘못 선택한 친구에게 상처를 받았을 때 그 자리에서 위로해주면 됩니다. 그렇게 부모는 아이가 고단한 친구 관계에서 상처받고 흔들릴 때 따뜻하게 안아주는 쉼터 역할을 해주면 됩니다. 그러면 아이는 그곳에서 평안을 얻고 자신의 길을 다시 찾아갈 겁니다. 자기에게 도움이 되고 영혼을 나눌 친구를 찾을 거예요. 엄마가 친구 관계에 관여하는 것은 아이와의 관계를 해치는 지름길이란 걸 명심해야 합니다.

표정이 어둡고 말투가 거칠어요

부모 자극

아이 얼굴을 보고 있으면 화가 치밀어요. 매번 뚱하니, 세상에 불만 가득한 얼굴을 하고 있어요. 도대체 뭐가 못마땅한지 모르겠어요. 부족한 것 없이 원하는 거 다해주거든요. 집안일을 시키는 것도 아니고 심부름 하나 안 시키고 공부나 좀 하라는 게 다 인데 말이죠. 그 공부도 제가 여기저기 발품 팔아서 좋은 곳 알아봐 보내니, 본인은 가만히 앉아서 선생님이 알려주는 대로 공부만 하면 되잖아요. 물론 공부를 어쩔 수 없이 하는 거란 거 압니다. 하지만 그 나이에 해야 하는 게 공부라면 이왕이면 잘하면 좋지 않겠어요? 인정도 받고 자신감도 생기고 좋잖아요. 나도 그래서 시키는 거고요.

그런데 공부만의 문제는 아닌 것 같아요. 공부의 '공'자도 안 꺼내도 표정이 그렇거든요. 나에게 환하게 웃으며 인사하고, 사랑한다고 표현한 게 언제인지 모르겠어요. 표정만 어둡고 까칠한 게 아니라 말 한 마디를 해도 어찌나 날카롭고 뾰족하게 하는지 몰라요. 제가 한 마디만 하면 기다렸다는 듯이 쏘아붙여요. 욕만 안 했다 뿐이지 말하고 나면 한바탕 욕을 얻어먹은 기분이 들어요. 부드러운 말투로 아이를 달래보려다가도 욱하는 마음을 누르기가 힘듭니다. 내가 어른이니까 그래도 이해해야 한다고 생각하며 몇 번이나 가슴을 쓸어내리는지 몰라요. 진짜 자식만 아니면 다시 보고 싶지 않을 때도 많다니까요.

![사춘기 반응]

엄마가 내 표정을 트집 잡았다고요? 그러는 엄마 얼굴 먼저 보시라고 하세요. 그럼 내가 엄마를 대할 때 왜 낯빛이 어두워지고 표정이 굳어지는지 자연스럽게 알게 될 거예요. 엄마는 늘 내가 문제라고 하지만 아니에요. 문제는 엄마가 먼저인 경우가 훨씬 많아요.

엄마는 밖에서 다른 사람들 대할 때 늘 웃어요. 그렇게 친절할 수가 없죠. 그런데 돌아서서 나에게 보이는 눈빛은 얼마나 사나운지 몰라요. 내가 말 한 마디만 하면 신세 좋은 소리나 한다며 비난을 퍼붓죠. 그 눈빛과 표정을 보고 있으면 사랑하는 자식을 보고 있는 게 맞나 싶을 때도 있어요. 어떻게 그렇게 무서운 표정을 지을 수 있을까 의아해요. 나는 그나마 엄마보다 부드러운 미소를 가진 거예요.

물론 제가 요즘 잘 웃진 않아요. 집에 오면 만날 공부하라고 스트레스나 주고 잔소리만 하는데 내가 뭐가 좋아서 웃겠어요. 가는 말이 고와야 오는 말도 곱다고 하잖아요. 나를 인정하는 말이나 칭찬해주면 나도 웃죠. 근데 아니잖아요. 마음 같아서는 소리라도 꽥 지르고 싶지만 정말 참고 참는 거예요. 그간의 정이 있으니까, 엄마라서, 어른이니까, 많이 봐주는 거라고요.

어릴 때는 전혀 몰랐어요. 엄마에게 이렇게 여러 가지 면이 있는 줄 말이죠. 내게 너무나도 소중한 존재였기 때문에 조금 서운한 일이 있어도 참았어요. 엄마가 사라지면 나는 혼자 살아갈 수가 없으니까. 하지만 지금은 아니에요. 나도 이제 혼자서 살아갈 정도의 능력과 지성을 가졌어요. 돈은 없지만, 아르바이트를 해서 벌면 돼요. 이제는 엄마 없는 세상이 하나도 무섭지 않아요. 그런데도 나를 어린아이 취급하며 능력 없다고 함부로 말하는 엄마를 보면 참을 수 없는 화가 올라옵니다. 소리 지르면서 엄마가 나에게 했듯이 막말을 하고 싶은데 이제껏 길러준 은혜를 생각해서 참는 거라고요. 엄마는 남의 속도 모르고 서운하다고 말하는데 진짜 서운한 건 나에요.

사랑은 말이 아니라 표정으로

메라비언의 법칙이라는 것이 있습니다. 이 법칙에 따르면 첫인상은 단 5초만에 결정된다고 해요. 이때 첫인상을 결정하는 것들은 시각(Visual, 외모, 옷차림, 바디랭귀지)이 55%, 청각(Vocal, 목소리, 말투)이 38%, 언어(Verbal, 말 자체의 의미나 이야기의 내용)가 7%라고 합니다. 즉, 이야기의 메시지는 7%밖에 안 된대요. 대화를 할 때 중요한 것이 내용을 전달하는 언어적 요소보다 비언어적인 요소라는 것을 알 수 있죠. 어떤 표정을 하고 어떤 말투로 말하느냐가 대화에서 정말 중요합니다. 사춘기 아이들에게는 이 현상이 더더욱 도드라져, 표정으로 상대의 감정을 판단하는 일이 무척 잦습니다.

아이들이 이렇게 표정에 집착하는 것은 감정에 그만큼 관심이 많기 때문입니다. 상대방의 감정이 궁금하기 때문에 그것을 알기 위해서 자신이 할 수 있는 가장 쉬운 방법인 표정을 관찰하는 겁니다. 표정을 보고 조금이라도 감정을 알아채려고 노력하는 거죠. 표정에서 오류가 생길 수 있다는 것은 모른 채 말이죠. 그래서 엄마의 표정을 보고 오해하곤 합니다. 예를 들어 엄마가 머리가 아픈 상태에서 말을 한다고 가정해 보죠. 아무리 친절하고 아이에게 유익한 말을 한다고 해도 표정이 좋을 수가 없겠죠. 그런 상황에서 아이는 엄마의 감정을 '나쁨'이라고 해석합니다. 표정이 좋지 않았기에 아무리 긍정적인 메시지를 전달한다고 해도 전달이 안 되는 것이죠. 엄마가 자신을 싫어해서 어두운 표정을 짓고 있다고 결정을 내려버립니다. 그러면 기분이 상하게 되고 엄마의 의도와는 관계없이 대화는 안 좋은 방향으로 흘러갑니다. 기분이 상한 아이가 좋은 말을 할 리가 없으니까요.

아이는 표정과 말투를 통해서 대화를 알아듣습니다. 그리고 해석하며 오류를 일으키기도 하죠. 아직 정확하게 타인의 감정을 읽을 줄 모르기 때문입니다.

아이는 나의 거울

아이의 어두운 표정과 거친 말투가 마음에 걸린다면 아이에게 말을 건넬 때 나의 모습이 어떤지 살펴보는 것이 필요합니다. 휴대폰으로 내 일상생활을 한 번 찍어보는 것도 방법입니다. 물론 촬영을 하고 있으면 평소보다 훨씬 더 부드럽게 보이려 노력할 거예요. 그런데도 어둡고 불쾌감을 일으키는 나의 표정이 불쑥불쑥 드러날 겁니다. 아이가 실제 보고 있을 나의 표정은 그것보다 몇 배나 더 어둡고 무표정할 수 있고요.

그것이 아이가 말하는 기분 나쁘게 자극하는 표정인지 모릅니다. 표정 외에도 말투에 이미 아이에 대한 불만이 가득할지도 모르죠. 가는 말이 고와야 오는 말도 곱다고 하잖아요. 이미 나에게서 가는 대화가 곱지 않다는 것을 인식하셔야 합니다. 그 후에나 아이의 표정을 지적할 수 있습니다.

아이에게 편안하게 웃으며 대화해보세요. 부드럽게 손을 잡으며 대화도 좋습니다. 정중하게 예의를 갖춰 말을 건네보세요. 아이 또한 부드럽게 답할 겁니다.

아이의 표정이 아닌 말에 집중

아이는 엄마랑 이야기하고 싶어합니다. 아닌 척해도 가장 편안하고 잘 보이고 싶은 게 엄마입니다. 아이는 지금 애써서 말을 건네는 거예요. 표정이 어둡다고 말투가 거칠다고 아이를 밀어내지 마세요. 엄마에게 불만이 있어서가 아니에요.

내용은 들어보지 않고 아이의 태도부터 혼내지 말아주세요. 부디 엄마만은 오해하지 말고 내용에 귀를 기울여 주세요. 그러고 나서 태도 이야기를 하면 돼요. 그러면 아이가 열린 마음으로 더 잘 알아들을 겁니다. 나그네의 옷을 벗기는 것은 결코 센 바람이 아닌 따스한 햇볕이라는 것을 우리 아이를 대할 때도 절대 잊지 마세요.

이해가 안 되는 패션 센스

아이는 주말마다 옷을 구경한다며 백화점에 갑니다. 교복을 입는데도 옷에 관심이 정말 많습니다. 매번 옷 없다는 소리만 해대죠. 용돈 받아서 거의 옷 사는 데 씁니다. 친구들 사이에서 유행하는 것이 있다면 반드시 사야 해요. 돈 벌기 힘든 줄을 몰라요.

게다가 어떤 옷을 입어도 빛이 나는 나이에 브랜드에 집착합니다. 나도 한 번 입어보지 못한 브랜드 옷을 사달라고 조릅니다. 아이에게 고가의 옷을 매번 사줄 만큼 가정 형편이 좋지 않다고 솔직하게 말해도 소용없습니다. 그걸 입어야 친구들 앞에서 부끄럽지 않답니다. 애걸복걸하는 모습에 마음이 약해져 큰맘 먹고 하나 사줘도 일주일을 못 가요. 금방 질려서 다른 옷을 또 사러 나갑니다.

내가 골라주는 가성비 좋은 옷들은 거들떠보지도 않아요. 엄마는 자기 세대 감성을 이해하지 못한다면서 비싼 옷을 사달라 조를 때가 아니면 같이 쇼핑하려고도 안 해요. 본인 옷을 알아서 사는 게 맞다 생각해서 놔두면 사 오는 옷이 아주 가관입니다. 손바닥 한 뼘 정도 될까 말까 한 배꼽티에 엉덩이 끝을 간신히 가린 미니스커트 같은 것을 사옵니다. 이런 걸 어떻게 입냐고 잔소리를 하면 아이는 저 정도는 입어줘야 한다고 큰소리칩니다. 그러고는 안 입어요. 그렇게까지 꾸미고 갈 곳도 없거든요. 그런데도 옷과 패션 아이템에 대한 관심은 끊지를 못합니다. 집 앞에 나갈 때도 옷을 몇 번을 갈아입는지 몰라요. 옷 갈아입고 머리 스타일 바꾸느라 심부름 한 번 가는 데 한 시간은 걸립니다. 차라리 내가 다녀오는 게 빠를 정도죠.

아이가 왜 이렇게 패션에 집착하고 독특한 것에 신경을 쓰는지 모르겠습니다. 그 나이에는 무난하게 청바지랑 티셔츠만 입어도 예쁜데 말이죠. 왜 아이는 가장 예쁜 모습을 억지로 훼손하며 이상하게 만드는 걸까요.

 사춘기 반응

계절이 바뀌려고 하는지 날씨가 오락가락하네요. 계절이 바뀌는 건 상관없지

만 고민스러운 건 하나 있어요. 계절이 바뀌면 그에 맞는 옷이 있어야 하는데 그 게 없다는 거죠. 시간과 장소에 맞춰서 옷을 입어야 하는데 입을 만한 옷이 몇 개 없거든요.

어릴 때 사진을 보면 온통 흑역사뿐이에요. 엄마가 사주는 옷을 그대로 입었 더라고요. 그땐 내가 이성이란 게 없었나봐요. 어떻게 저런 옷을 입고 사진을 찍 을 수가 있었을까요. 정말 대단한 용기예요. 지금 같으면 상상도 못 할 일이죠. 패션이 부끄러워서 가능하면 어릴 때 사진을 모두 없애버리고 싶어요. 지금은 엄마가 옷을 골라준다고 하면 절대 용납 못하죠. 내 옷이잖아요. 그럼 내 취 향에 맞게 골라야 하는 거 아니에요? 엄마는 지금도 자기 멋대로 옷을 사 고 입으라고 해요. 언제까지 엄마한테 맞춰줘야 하나요? 이제는 그러고 싶지 않 아요. 나만의 멋진 스타일을 꾸밀 거예요. 그래서 자주 백화점이나 쇼핑몰에 가 서 옷을 구경해요. 세상에는 왜 이렇게 예쁜 옷이 많은 걸까요? 그중에 나는 왜 몇 개도 마음대로 갖지 못하는 걸까요? 내 신세가 불쌍하게 느껴질 때도 있어요. 많은 돈이 갑자기 생겨서 옷을 사고 싶은 만큼 살 수 있으면 좋겠어요. 그러면 정 말 내 마음에 드는 옷들을 가격에 상관없이 마음껏 고를 텐데 말이죠. 내가 커서 돈을 벌게 되면 정말 내 스타일대로 꾸미고 다닐 거예요. 나는 패셔니스타가 될 거예요. 자신 있다고요.

사춘기는 일관성이 없다

10대 아이들에게 가장 예쁜 차림을 떠올리면 단정한 교복, 청바지에 흰 티셔츠 정도의 수수한 차림을 생각할 거예요. 신발도 운동화나 단정한 단화 정도면 딱 좋겠습니다. 액세서리도 안 해도 예쁘지만 화려하지 않은 목걸이나 반지 정도면 충분한 것 같습니다. 이렇게 입으면 딱 10대답고 가장 예쁜 것 같죠. 그런데 아이의 복장은 우리의 기대와 다릅니다. 갈등의 시작이죠.

사춘기 아이는 개성을 드러내고 싶어합니다. 인생에서 처음으로 진지하게 자기 자신이라는 존재에 대해 깊은 관심을 갖는 시기잖아요. 이때의 아이들은 자신을 돌아보면서 나란 사람이 어떤 사람인지 규정하고 싶어합니다. 그리고 그 과정에서 내가 더 특별했으면 좋겠다는 욕구가 생겨납니다. 내가 좀 더 멋진 모습이었으면 좋겠다 하고 바라죠. 이 바람은 너무나 당연합니다. 문제는 현실은 그렇지 못하다는 것이죠. 그 과정에서 아이는 이상적인 자신과 실제 자신 사이에서 괴리를 느낍니다. 그리고 그걸 메꿔줄 도구로 외모를 선택하죠. 자신에게 남들과는 다른 특별한 무언가가 있다고 믿고 손쉽게 이리저리 바꿔볼 수 있는 것이 외모니까요. 그래서 아이들이 자신을 꾸미는데 몰두하는 겁니다. 남과는 다른 모습으로 꾸미면서 자기만족을 하는 것이죠.

사춘기에는 사회적 인식이 생깁니다. 타인이 바라보는 나의 모습에 신경을 쓰기 시작하는 겁니다. 그래서 타인에게 조금 더 멋진 모습으로 보이고 싶어하죠. 집 앞을 잠깐 나가는 데도 준비 시간이 오래 걸리는 것이 이런 이유입니다. 가다가 아는 사람을 만날 가능성이 전혀 없어도 아이는 신경을 씁니다. 아는 사람은 안 만나더라도 누군가를 만날 테니까요. 누군가에게 보이는 내 모습이 근사했으면 하고 바라는 거죠.

사춘기가 되면 성적인 호기심도 많이 생깁니다. 이성에 대해서 진지하게 관심을 갖게 됩니다. 아이들은 이성에게 가장 중요한 것이 외모라고 생각합니다. 내면은 꺼내서 보여줄 수 없으니까요. 게다가 요즘처럼 시각적인 자극 속에서 자란 아이들은 더욱 이것에 예민합니다. 이성의 호감을 얻는 것은 외모가 가장 중요하다고 생각합니다. 이성에게 외모가 첫인상을 크게 좌우하긴 하지만, 이는 첫인상일뿐 시간을 보내면서 행동, 생각, 태도에 의해 관심이 이어진다는 것을 아이들은 아직 이해하기 힘듭니다. 멋지게 남과 다르게 꾸미면서 이성에게 매력적으로 어필하고 싶어하죠.

사춘기 아이는 유행에 민감합니다. 나는 특별하다고 생각하면서도 동시에 친구들이 입는 옷이나 유행을 따라가려는 성향이 강해요. 무리에서 동떨어지고 싶지 않은 것이죠. 그래서 미디어에서 인기 있는 유행을 좇습니다. 자신에게 어울리고 안 어울리고는 중요하지 않아요. 유행하는 아이템을 갖고 있느냐 없느냐가 아이에게는 훨씬 중요합니다.

나는 특별해라고 말하지만 남들이 사는 것을 모두 똑같이 따라 사는 모양새가 이해하기 힘들 겁니다. 사춘기 아이들의 정서에는 기본적으로 일관성이 없습니다. 이랬다저랬다 하죠. 그게 사춘기의 가장 강력한 특징이라고 받아들이면 조금 마음이 편안해질 겁니다.

아직 자신에게 맞는 게 뭔지 모르니까 오락가락 할 수밖에 없습니다. 우리가 사춘기였을 때를 생각해보자고요. 우리도 하루에도 수십 번씩 기분이 바뀌었어요. 성인이 된 내가 기억하지 못할 뿐이지 우리도 다 그 과정을 거쳐왔죠. 아이들을 이상하게 볼 거 없습니다. 아이들은 제 나이에 맞게 유행을 따라 이것저것 시도하는 중이랍니다.

그래, 그러면서 크는 거지

아이가 다양한 시도를 하는 것을 말리지 마세요. 실패하고 실수하면서 자신에게 맞는 패션센스를 갖추게 될 거예요. 아이들이 한껏 꾸미고 어떠냐고 물었을 때 이상한 표정을 짓지 말아주세요. 너무 노출이 심해 풍기문란죄에 걸리지만 않는다면 말이죠. 마음속에서는 절대 이해가 안 된다 하더라도 고개를 끄덕여주세요. 아이의 노력에 상처를 주는 평가에 솔직하지 마세요. 우리는 심사위원이 아니니까요. 아직 미숙해서 그렇다 생각하며 아이의 생각을 존중해주세요.

아이는 자신이 꾸민 것을 본 타인의 곱지 않은 시선을 보면 그때 바꿀 거예요. 아이도 사회적 시선이라는 것을 느끼니까요. 아니, 그 시선을 엄청나게 의식하니까요. 그러니 가정에서는 아이가 다양한 도전을 하는 것을 응원해주세요.

부모의 편안한 울타리 안에서 아이가 다양하고 색다른 시도를 해볼 수 있게 해주세요. 나이 들어서 이상하게 입는 것보다야 낫지 않겠어요. 지금은 어떤 걸 입혀놔도 가장 예쁠 때니까요.

거칠고 폭력적인 친구랑 어울려요

아이가 친구들이랑 어울려 다니며 놀기 시작한 것은 몇 년 전부터입니다. 가족들과 지내는 것보다 친구랑 함께 노는 게 훨씬 좋다고 하더라고요. 사춘기니까 그럴 수 있다고 생각해서 허락했어요. 문제는 친구들이랑 뭘 하는지, 어떤 친구랑 노는지 제대로 말을 안 한다는 거예요. 너무 답답해서 붙잡고 물어보면 친구들과 게임하고 게임 이야기를 한다고 합니다. 그런데 왜 저녁에 만나서 이야기를 하느냐고요. 주말에도 낮에는 누워 자다가 다 저녁이 되면 친구를 만나요. 아이 친구 엄마들 말로는 우리 아이가 어울리는 아이가 거칠대요. 학교에서도 선생님에게 대들어서 혼나기도 했다더군요. 좋은 친구들도 많을 텐데 왜 그런 친구랑 어울리는지 모르겠어요. 물론 한 아이랑만 다니는 건 아니고 여러 명이 무리를 지어 어울리긴 해요. 물론 거친 친구 말고도 순한 친구도 섞여 있겠죠. 하지만 아이가 친구 사이에서의 일을 얘기하지 않으니까 너무 걱정됩니다.

게다가 요즘은 왕따나 학교 폭력도 사이버상에서 일어난다고 하더라고요. 전혀 모르는 지역의 아이들과 얽히는 문제도 많고요. 얼굴도 모르는 질 나쁜 친구에게 나쁜 습관을 배우는 것은 아닌지 이상한 범법 행위를 재미로 삼아 하거나 그런 일에 연루되는 건 아닌지 걱정입니다. 친구 이야기만 꺼내면 알아서 한다며 인상을 찌푸리니 도대체 어떻게 해야 할지 모르겠습니다.

사춘기 반응

부모님은 입만 열면 친구들 험담을 합니다. 어떤 친구는 말투가 너무 거친 거 아니냐며 시비를 걸고요. 어디서 이야기를 들었는지 모르지만, 담배를 피우는 아이랑 어울리는 거 아니냐고 따져 묻기도 해요. 그럴 때마다 너무 화가 나요. 내 친구잖아요. 내가 알아서 사귈 텐데 왜 그러느냐고요. 나도 어느 정도 사람 보는 눈은 있거든요. 엄마가 걱정하지 않아도 알아서 잘합니다.

무엇보다 내가 어울리는 친구들 절대 나쁜 아이들이 아닙니다. 물론 가끔 서로 가벼운 몸싸움도 하고 욱하면 치고받고 싸우기도 합니다. 욕을 섞어가며 말을 하기도 하고요. 하지만 그렇다고 해서 나쁜 녀석들은 아니에요. 저녁에만 만나는 것도 나도 친구도 학원에 다니느라 서로 시간을 맞추면 저녁밖에 없기 때문이에요. 주말에도 주중에 피곤했던 잠을 충분히 보충한 다음 놀다보니 늦게 나가는 것뿐이라고요.

부모님은 뭐가 그렇게 걱정이 많은지 모르겠어요. 나는 친구들과 말장난하고 장난으로 욕하면서 대화하는 게 너무 재미있어요. 요즘 욕 하나 못하는 10대가 어디 있느냐고요. 부모님 앞에서는 모르는 척, 순진한 척하지만, 아닙니다. 사실 나도 욕 많이 써요. 미디어만 봐도 욕 천지인데 내가 바르고 고운 말만 쓸 거라고 생각하는 부모님이 이상한 거죠. 부모님이 충격 받을까 봐 안 쓰는 척하는 것뿐이에요.

친구들 사이에서 그 정도 욕은 써줘야 낄 수 있어요. 꼰대처럼 바른 말만 하는 녀석들은 재미도 매력도 없습니다. 공부만 하는 좀생이 같은 녀석들하고는 친구도 안 해요. 인생 상담을 할 수도 없습니다. 뭐 아는 게 있어야 말이죠. 거칠고 폭력적으로 보이지만 내 친구들이 진짜예요. 그 녀석들은 고생을 해봐서 그런지 인생에 깊이가 있단 말입니다. 그 친구들과 고민도 나누고 노는 게 좋습니다.

친구는 나의 전부

사춘기에는 친구가 정말 중요합니다. 가족을 넘어서 가장 편안한 존재로 생각하는 것이 바로 친구입니다. 사춘기 친구 관계는 아이들의 모든 행동을 결정할 정도로 아이들에게 큰 영향을 미칩니다. 이때 아이들은 친구 집단에 대한 애정과 소속감이 강하게 나타납니다. 자신이 속한 집단에 대한 열정과 집착이 생길 수 있습니다. 이러한 경향은 동아리나 학교, 지역 등 아이의 생활 전반을 지배합니다. 또 이 시기에는 경쟁심도 강해집니다. 자신과 타인을 계속 비교하게 되죠. 비교 과정에서 상대방에 대한 편견이나 부정적인 시각이 생겨납니다. 각자 이런 경향성이 부딪혀 친구 관계에서 갈등이 생기기도 하죠.

사춘기 아이들에게 친구 관계가 중요하지만 거기서 갈등이 발생할 수 있는 여지도 많습니다. 그런데도 아이들은 친구 관계를 너무나 간절히 원합니다. 부딪히고 깨질지언정 친구와 어울리고 싶어합니다. 친구들이 하는 행동을 따라하거나 무리로 어울려서 활동하기도 하죠. 때로는 잘못된 방향인 줄 알면서도 친구 따라 행동하는 경우도 있습니다. '친구따라 강남간다.'는 속담은 10대에게 가장 잘 어울립니다. 이렇듯 친구들과 집단으로 행동하고자 하는 것이 사춘기입니다. 친구 사이에서 이질적이거나 튀는 행동을 극도로 싫어하죠.

그런데 이런 친구 관계에서 발생하는 갈등에 불을 지피는 것이 또 있습니다. 바로 청소년기 뇌 발달의 특징입니다. 사춘기에는 이성적이고 논리적인 전두엽의 발달이 주춤합니다. 이십 대 후반에 발달이 완성되는 전두엽과 다르게 다른 부분들이 빠른 성장세로 자랍니다. 그중에서도 사춘기에는 뇌의 측두엽 안쪽에 있는 편도체가 주요 결정을 담당하는데 이 편도체는 원시적인 뇌입니다. 태어날 때부터 완성된 뇌로 이성보다는 감정을 관장하죠. 이렇게 편도체가 대부분의 판단을 담당하면서 아이들은 감정에 치우치게 됩니다. 어릴 때보다 더 충동적인 생각과 행동에 사로잡힐 수밖에 없죠. 그런 아이들이 함께 모여서 생활한다고 상상해보세요. 많은 갈등이 발생할 수밖에 없죠.

이런 현상을 부모 입장에서 보면, 우리 아이는 괜찮은데 폭력적이고 거칠고 감정적인 친구와 어울려 문제가 생긴다고 여겨집니다. 그래서 저런 친구랑은 어울리지 말았으면 싶죠. 그런데 아이에게 말해봤자 듣지 않을 겁니다. 왜냐하면 내 아이도 함께 거칠고 감정적인 상태거든요. 그 친구만의 문제가 아니라는 겁니다. 아이는 자신과 비슷한 아이들 속에서 나만 그런 게 아니라는 안정감을 느끼며 성장하고 있습니다. 부모님 눈에는 너무 위험하고 불합리하더라도 말이죠.

사춘기에는 또래 관계가 너무 중요해요. 때론 친구가 불합리한 행동을 하더라도 친구 관계가 깨질까 봐 말하지 못하는 경우도 생깁니다. 그때 아이에게 필요한 것은 진짜 친구의 의미입니다. 어울려 다닌다고 모두 친구는 아니죠. 자신의 가치관을 함께 긍정적인 방향으로 만들어 나갈 수 있는 선한 영향력을 주고받을 수 있는 것이 진짜 친구입니다.

스스로 생각할 수 있는 질문을 하세요

그렇다면 이런 아이들을 어떻게 도와줘야 할까요? 아이는 친구들 집단에서 튀고 싶지 않습니다. 친구들이 하는 행동을 모방하는 것을 좋아합니다. 친구들이 감정적이고 거칠고 때로는 폭력까지 사용하는데도 문제라고 생각하지 못합니다. 설사 문제라고 생각이 들어도 이 집단에서 제외되느니, 묵묵히 따르며 반기를 들지 않습니다. 이것은 사춘기 시기에 왕따나 학교 폭력 문제가 많이 발생하는 것과 연결됩니다. 이때 친구 문제를 바라보는 부모의 시선이 중요합니다. 너는 괜찮은데 친구가 문제라고 말하면 아이는 크게 반발할 겁니다. 자신에게 너무나 소중한 존재인 친구를 부모가 거부한다고 생각하기 때문입니다. 부모님께 미안 한 마음이 들기도 하지만 친구가 우선이죠.

이럴 때는 아이와 친구 관계를 분리하지 않고 말하는 것이 좋습니다. 친구 욕하는 것처럼 들리지 않게 하면서 아이가 친구들의 행동을 판단할 수 있게 해주세요. 아이도 사실 친구들이 문제 있는 행동을 하고 있다는 것을 모르지는 않습니다. 하지만 부모가 직접적으로 친구 욕하는 소리는 듣기가 싫은 거죠. 절대 직접적으로 험담을 하지 마세요. 아이가 스스로 그 나쁜 점을 찾아낼 수 있도록 도와주세요.

"그런 거친 말은 쓰는 거에 대한 네 생각은 어때?"

이런 식으로 아이가 스스로 생각할 수 있는 질문 형식이 좋습니다. 그러면 아이는 일단 부모가 자신의 친구 집단을 험담하려는 것이 아니라는 생각에 반발심을 낮춥니다. 그리고 객관적으로 생각해 보죠. 자신이 그 안에 있을 때는 잘 보이지 않지만 부모님이 객관적으로 정리해주니 깨닫게 됩니다. 친구들이 했던 행동이 너무 거칠고 폭력적이었다는 것을 말이죠. 그러면 아이가 다시 집단에서 친구들과 활동을 하더라도 스스로 경계하게 될 것입니다. 기회가 된다면 조금 더 논리적이고 이성적으로 행동하자고 제안할 수도 있어요. 자신도, 친구도 더 좋은 모습으로 발전하기를 바라니까요. 그렇게 아이와 친구 집단의 행동을 함께 교정할 수 있습니다.

아이들은 그게 누구든 자신이 속한 또래 집단 욕하는 것을 싫어합니다. 그러니 대놓고 험담하지 말고 억지로 떼어놓으려고도 하지 마세요. 그저 문제가 있다는 것을 스스로 느낄 수 있도록 자꾸 질문을 던지세요. 너는 그런 행동이 괜찮고 용납이 되느냐고 말이죠. 그럼 아이가 전두엽을 가동해서 생각할 겁니다. 친구들과 어울리면서 그런 자신의 판단을 객관적으로 대입하면서 친구관계에서 중심을 잡아나갈 거예요.

근거 없는 자신감으로 자기 말만 옳대요

아이가 사춘기가 되면서 자기주장이 정말 강해졌습니다. 반박을 위한 반박이라고 해도 좋을 정도입니다. 무슨 말만 하면 반대 의견을 내놓습니다. 마치 약 올리기라도 하듯이 매번 반대되는 의견을 내놓습니다. 본인이 이제껏 살아왔던 세상이 전부라고 생각하고 그 시각에서만 세상을 바라보는 것이 너무 답답합니다. 세상은 넓고 다양한 시각들이 존재하는데 말이죠. 자신 생각만이 옳다고 주장하는 아이가 안타깝습니다. 그래서 다른 생각들을 전하고 나누려 해도 아이는 거부합니다. 얼마나 자신의 생각이 옳다고 고집을 피우는지 모릅니다. 생각을 넓혀주고 싶은데 거부부터 하니 어찌할 수가 없습니다. 아무리 어르고 달래봐도 소용없습니다.

아이 주장의 가장 큰 근거는 친구들입니다. 부모님의 말은 고루하고 답답하고 친구들의 말은 무조건 옳다고 받아들입니다. 친구들이 경험이 있으면 얼마나 있고 생각이 깊으면 얼마나 또 깊겠어요. 그런데 친구들의 말은 다 옳다고 생각해요. 자기 세대를 알지도 못하면서 구시대적인 발상만 강요한다며 부모 말은 들으려고도 안하죠. 물론 내가 아이에게 강요하는 옛 생각도 있을 거예요. 나도 경험한 게 그것뿐이니까요. 하지만 아무리 시대가 변해도 절대 불변의 법칙은 있잖아요. 난 그걸 알려주려고 하는데도 힘껏 밀어내는 아이 때문에 화가납니다.

사춘기 반응

부모님은 나를 너무 무시해요. 네가 세상을 얼마나 안다고 그러냐면서 자신의 생각을 이야기합니다. 하지만 나는 부모님이 말을 시작하면 귀를 닫게 됩니다. 일단 말이 너무 길고 너무나도 뻔합니다. 나도 그 정도는 알고 있어요. 유치원 때부터 다 배운 거라고요. 나도 그 정도 판단력은 있는데 왜 내 생각은 무시하는지 모르겠어요. 무시한다는 생각이 드니까 부모님 말에는 반박을 하게 돼요. 내가 동의하면 언제까지나 부 모님의 생각을 저에게 주입하려고 할 거 같거든요.

나는 내 방식대로 살고 싶어요. 부모님이 어릴 때 돌봐주던 아이가 아니란 말이죠. 부모님이 하라는 대로 하는 인형은 더더군다나 아니고요. 그런데 부모님은 내가 이야기하면 들어줄 생각을 안 하세요. 내가 부모님 생각에 반발이라도 할라치면 절대 지지 않겠다는 듯이 반박하는 모습이 정말 어른답지 못합니다. 실망스러울 때가 많죠. 그래서 더더욱 부모님과 대화하기가 싫어져요. 동등한 입장에서 부모님과 내 생각을 나누고 싶은데 어린아이 취급하며 자신의 생각을 주입하려고 하니 답답한 건 오히려 접니다.

가끔 부모님과 터놓고 이야기해야겠다고 생각하고 말을 하기 시작하면 부모님에게 절대 논리적으로 뒤지지 않아요. 그럴 때면 부모님이 내 생각도 성숙했다는 것을 인정하면 좋겠는데 끝까지 자신의 주장만 내세웁니다. 결국 논리적으로 흠이 있더라도 그냥 부모님의 말을 들어주는 것처럼 끝내요. 부모님이 끝까지 고집 피울 걸 아닐까요. 내가 부모님에 비해서 세상을 살아온 세월은 짧지만 그 대신 생각의 융통성은 훨씬 크다고요. 부모님이 몇 번의 경험으로 확정 지어버린 신념을 나는 아니라고 반박할 자신이 있어요. 부모님도 몇 번의 경험이 다 잖아요. 세상의 진리라고 할 수 없죠. 이렇게 열린 사고를 가지고 생각을 비교하고 논리적으로 판단하는 나를 보고 고집이 세다거나 내 주장만 내세운다고 말하면 속상합니다. 다신 내 진심을 다해서 대화하고 싶은 생각이 안 들어요.

불안을 감추는 근거 없는 자신감

사춘기 아이들은 자신이 대단한 존재라고 생각합니다. 사춘기 아이들 하면 자신의 주장을 굽히지 않아 부모님과 사소한 부분까지 자주 부딪치는 모습이 떠오를 정도입니다. 이유 없는 반항이라고 부르기도 합니다. 사춘기 아이들은 어떻게 자신에 대해 자신감을 갖게 되었을까요.

사춘기가 되면 아이들은 자신의 역할과 가치를 통찰하기 시작합니다. 나란 사람이 왜 존재하는지 고민을 하는 거죠. 거기서 아주 긍정적인 방향으로 결론을 내립니다. 나는 정말 세상을 바꿀 수 있는 대단한 사람이라고 말이죠. 그리고 자신과 다른 사람들을 비교합니다. 자신이 정말 그렇게 가치 있는 사람이 맞는지 판단하고 싶은 거죠. 이 비교를 통해서 자신이 잘하는 부분을 찾아내 그것에 가치를 두고 자신의 위치를 결정합니다. 학교에서는 공부로 자신의 가치를 판단하기도 하지만 그것 말고도 다른 것도 있죠. 친구들 사이에서 인기가 많다거나 외모가 예쁘다거나 화장을 잘한다거나 싸움을 잘하는 것 등 아이가 존재감을 찾는 분야는 다양합니다. 사춘기 아이가 외모에만 집착한다거나 게임 레벨에 몰두하는 것도 거기에서 자존감을 채우기 때문입니다. 이렇게 자신감을 채우고 나면 자신의 주장을 내세우는 게 한결 더 쉬워지기 때문이죠. 스스로를 긍정적으로 판단하고 규정하기 위해서 안간힘을 쓰는 것이죠. 이것은 사회적으로 자신의 모습을 규정하기 위해서 꼭 필요한 과정입니다.

물론 그 과정에서 자신의 존재감을 채워준 것에 집착해 과도하게 몰두하는 경우도 있습니다. 이때 '근거 없는 자신감'이라며 질타하기 전에 아이가 이렇게 과도하게 몰두하는 진짜 이유가 무엇인지 그 내면을 들여다봐야 합니다. 아이는 지금 불안할 수 있습니다. 혹시라도 본인이 대단한 존재가 아닐까 봐, 자신이 무엇 하나 잘하는 사람이 아닐까 봐 두려운 겁니다. 자신의 고민과 불안을 가리기 위해서 과도하게 방어적으로 행동하는 것이죠. 부모님께 대드는 것처럼 느껴지는 것도 바로 그러한 이유입니다. 공부를 잘하지 못한다면 자신감을 채울 만한 대체재를 계속 찾아 헤맬 겁니다. 공부는 못해도 화장을 제일 잘하는 아이, 욕을 잘하거나 싸움을 잘하는 아이로라도 존재감을 드러내고 싶은 것입니다. 아이의 마음 저변에 자신이 시시한 존재일까 봐 두려워하고 있다는 것을 알아주셔야 합니다. 친구들의 평가나 판단에 의존하는 이유도 마찬가지입니다. 그 또래 사이에서 자신의 평가를 높이기 위해서 또래의 의견을 무턱대고 따르기도 하는 것이죠.

아이 마음 안의 두려움을 봐주세요. 그리고 괜찮다고 말해주세요. 그런 두려움이 자신을 성장시키는 원동력이 된다는 것을 아이에게 알려주세요. 장점만 있는 사람은 없잖아요. 단점이 오히려 자신을 키울 수 있다는 것을 알면 아이는 스스로 건강하게 자신을 바라볼 수 있어요.

칭찬을 많이 해주세요

칭찬은 언제나 좋습니다. 다만 결과 위주로 칭찬하면 아이는 성과를 내야지만 인정받는다고 생각하기 쉽습니다. 과정을 칭찬하고 결코 좋은 결과를 내지 못했더라도 기꺼이 칭찬해주세요. 이런 부모의 태도가 익숙한 아이들은 세상을 덜 두려워합니다. 뭔가 멋지게 해내지 않아도 자신의 존재 자체만으로도 소중하다고 믿게 되니까요. 자신이 별 거 아닐까 봐 두려워하는 아이는 어떻게 도울 수 있을까요?

아이가 처음 태어나서 아무것도 하지 않아도 너무나 소중했던 그때로 돌아가주세요. 그리고 긍정적인 자기 이미지를 유지할 수 있도록 과정을 많이 칭찬해주세요. 사람은 무언가를 이루지 않고 존재 자체만으로도 너무나도 소중한 존재임을 다시 일깨워주는 겁니다. 부모가 아이의 성적이나 성과에 기대하고 매달린다면 아이는 부담스러울 수밖에 없습니다. 먼저 자존감이 채워져야 건강한 성과도 낼 수 있다는 걸 잊지 마세요.

또 자신이 처한 상황을 조금 더 객관적으로 볼 수 있도록 도와주세요. 자신감이 과도하게 높다는 것은 현실을 제대로 인식하지 못하고 피하고 있다는 뜻입니다. 자신이 처한 환경을 객관적으로 보고 판단할 수 있도록 도와줘야 합니다. 이때 부모님의 냉철한 판단으로 상처를 주라는 뜻이 아닙니다. 아이가 스스로 판단할 수 있게 옆에서 길을 만들어주고 조언을 해주는 겁니다. 먼저 자신의 강점과 약점을 인식하는 것에서 시작할 수 있습니다. 내가 못 하는 것에만 집착해 자신감을 잃지 않도록 해주세요. 자신의 단점에 기죽지 말고 그것을 장점화하도록 아이의 관점을 바꿔주세요. "너는 느려서 문제야."가 아니고, "너는 참 진중하고 깊이가 있어."라고 이야기해주세요. 아이는 자신의 강점을 이해하고 이를 활용해서 약점을 보완할 수 있을 것입니다.

다양한 경험을 통해 자주 실패하고 도전하는 것은 자신을 객관적으로 보는 데 도움이 됩니다. 여러 사람들의 의견을 듣고 자신을 보는 시각을 넓힌다면 더더욱 좋겠죠. 건강한 자존감을 키우는 데 큰 도움이 될 것입니다.

장점만 있는 사람은 없습니다. 단점만 도드라진 사람도 없죠. 때로는 장점이 단점이 되고 단점이 장점이 되듯이 둘은 하나입니다. 아이들이 자신의 모습을 바라볼 때 단점만을 부각시키지 않도록 도와주세요. 아이는 충분히 많은 장점을 가지고 있고 이를 통해서 단점을 충분히 보완할 수 있습니다.

이성 친구에 대한 관심이 지나쳐요

사춘기가 되면서 몸이 성장하니 마음도 따라 커지는 모양입니다. 우리 아들은 이성에 대한 관심이 대단합니다. 물론 초등학교 저학년 때도 좋아하는 이성 친구가 있긴 했지만 그건 아주 순수한 차원이었어요. 사춘기에 이성 친구에 대한 관심은 양상이 다른 것 같아요. 마치 20대 아이가 연애하는 것 같아요. 이성 친구를 만나기 위해 준비하는 시간이 엄청 걸립니다. 무엇을 하든 이성 친구가 어떻게 생각할까를 먼저 고민해요. 그야말로 사랑에 푹 빠진 모습입니다. 사랑에 빠지니 감정 조절도 힘듭니다. 이성 친구가 지나가는 말로 가볍게 던진 말 한 마디에도 야단이 납니다. 이럴 때는 정말 유난이다 싶습니다.

그런데 말로 표현하고 겉으로 드러냈을 때가 오히려 건강했던 거 같기도 합니다. 요즘에 끙끙 속앓이를 하는 경우도 많은 것 같더라고요. 아이가 숨기는 게 늘어날 때마다 무척 씁쓸해집니다. 꽁꽁 감춰도 너무 드러내도 걱정스러운 게 이성교제인 것 같아요.

한 명을 오래 만나기라도 했으면 좋겠는데 관심은 또 왜 그렇게 자주 바뀌는지…. 아이의 관심 이성 친구를 쫓아가는 것만도 버거워요. 할 일도 많은데 왜 그렇게 이성 친구에게 관심이 폭발하는지 모르겠어요. 혹시 부모의 사랑이 부족해서인가 고민스럽습니다.

사춘기 반응

내 마음이 이상해요. 그 애만 보면 묘한 기분이 들어요. 이 세상이 온통 그 아이로 가득 찬 기분입니다. 지나가는 사람에게서도 그 애와 닮은 점을 찾게 돼요. 그 아이의 눈빛 하나, 내게 건네는 말 하나가 떨림 그 자체입니다. 이 마음을 어찌할 줄 몰라 불쑥 고백을 했는데 아직 답이 없어요. 대답을 기다리는 시간이 너무 길게 느껴져요. 그래서 예민한데 엄마는 또 시비를 겁니다. 공부는 안 하고 무슨 딴생각에 빠져있느냐고요.

엄마는 아빠랑 연애 결혼을 했다면서 왜 내 마음을 이해하지 못할까요? 부모님께 말해봤자 연애는 스무 살 넘어서 하라는 뻔한 답만 들을 것 같아요. 아무 말도 안 하고 싶어요. 갑자기 좋아하는 친구는 없냐고 물을 때면 가슴이 철렁하다니까요. 이걸 말해야 하나 말아야 하나 순간 고민돼요. 하지만 결국 나는 말하지 않는 쪽을 택했어요. 어차피 말해도 부모님은 내 마음을 이해하지 못할 테니까요. 친구들과 얘기하는 게 제일 편해요. 이성 친구가 있는 아이도 있고 아이돌을 좋아하는 친구도 있지만 그 마음은 비슷한 거 같아요. 그 애를 생각하면 내가 작아 보여 나를 치장하게 돼요. 그 애는 왜 그렇게 대단한 걸까요. 나랑은 안 어울리는 너무 멋진 사람 같아요.

계속 그 친구 생각이 나니까 나도 생활리듬이 깨져서 생각을 그만하려고 노력도 해요. 그런데 그게 잘 안 됐어요. 생각을 밀어내려고 하면 할수록 더더욱 생각나는 거 있죠. 잊으려고 기분 전환을 해보려고 해도 그 친구의 답만 궁금해질 뿐입니다. 만약 거절을 당한다면 세상이 너무 슬퍼질 것 같아요.

전에 사귀었던 애에게 처음 사귀자고 연락을 받았을 때는 너무 신이 났었어요. 세상이 온통 내 것이 된 것처럼 기뻤습니다. 내가 아주 가치있는 사람이 된 기분이 들었어요. 그런데 몇 번 만나보니 그 아이는 나를 생각만큼 아껴주지 않더라고요. 그래서 헤어졌어요. 눈물이 났지만 꾹 참았습니다. 괜히 울었다가 부모님에게 들키면 잔소리하실 게 뻔하니까요. 그런데 얼마 후 학원에서 말도 안 되게 더 멋진 이 아이를 만난 거죠. 내 마음이 금세 치유되는 느낌이 들었어요. 이제 이 아이가 어떤 타입을 좋아하는지 알아보고 그 모습으로 변신할 거예요. 너무 마음이 두근거려요.

호르몬이 일으키는 봄바람

사춘기 아이들은 이성에 참 관심이 많습니다. 어릴 때 친구를 좋아하는 것과는 차원이 다른 끌림입니다. 이건 사춘기에 남자는 남자답게 여자는 여성스럽게 변하는 생물학적 성숙때문에 일어나는 현상입니다. 사춘기 남자아이는 남성 호르몬 테스토스테론이 성인에 비해 45배나 높다고 해요. 여자아이는 에스트로겐이 많이 분비되고요. 아이들은 자신의 몸이 성인처럼 변화하면 당황해요. 그러면서도 자신의 성적 매력을 발산하기도 합니다. 그러니 이성의 외모 판단에 민감해집니다. 특히 호감을 가지고 있는 이성의 말이라면 그 예민함은 이루 말할 수가 없습니다. 현실에서 그런 대상이 없다면 드라마나 웹툰, 웹소설에서 이성의 사랑에 관한 주제를 찾아 탐닉하기도 합니다. 이것은 당연한 과정입니다. 부모님도 분명히 그러셨을 테지만 기억을 못하시는 겁니다. 온갖 미디어의 영향으로 사랑 표현에 더 관대해지고 더 자주 이성 간의 사랑을 접한 아이들이 부모보다 관심이 덜하지는 않겠죠. 성적 성장 상태도 훨씬 좋으니까요.

부모보다 친구관계가 중요해지는 사춘기입니다. 그 중에서 이성 친구와의 만남은 동성 친구와는 다른 느낌이죠. 연애할 때 세상에 둘 뿐인 느낌 아시잖아요. 내가 한 사람의 우주 중심이 되고 삶의 의미가 되는 것은 아이들에게 아주 특별한 경험입니다. 아이가 한 번 이것을 경험하게 되면 쉽사리 포기하기가 어렵습니다. 게다가 자신에 대한 확고한 믿음이 필요하지만 흔들리는 사춘기 아이들에게 사랑의 속삭임은 무척이나 달콤하죠.

아직 관계에 미숙하기 때문에 금세 헤어지는 커플들이 무척 많습니다. 그럼 또 다시 새로운 이성을 찾아나서기도 합니다. 요즘 아이들에게 이성교제는 이전보다 빨리 경험하고 중요하지만 깊이 면에서는 그렇게 심각하지 않은 것이 특징입니다. 사랑 표현이 워낙 자유분방하기에 사귀는 것도 쉽고 헤어지는 것도 빠릅니다. 그러니 부모님이 너무 걱정하시지 않아도 됩니다.

사춘기 아이들은 이성에 관심이 참 많습니다. 이 관심은 이성에게 자신을 어필하면서 자신의 존재감과 가치를 찾는 과정입니다. 이때 실패하거나 거부당한다고 해도 아이는 오뚝이처럼 일어나 다른 이성에게 관심을 갖습니다. 너무 자주 바뀌는 것이 아니라면 괜찮습니다. 다양한 또래와의 만남을 통해 자기에게 맞는 모양과 빛깔을 찾아가는 중이니까요.

성교육이 필요한 때

너무 많은 미디어의 영향으로 아이들은 제대로 된 이성교제에 관한 사례를 접하지 못합니다. 미디어에서는 선정적이고 자극적인 이야기를 많이 다루니까요. 하지만 안정적인 이성교제는 아이들에게 정서의 안정감을 주므로 일부러 피할 필요는 없습니다. 다만 아이들이 이성교제를 한다면 성교육을 통해 안전한 역할과 자기 정체성에 대한 부분을 생각하도록 해야 합니다. 아이 평생에 걸쳐서 이성과 어떻게 건강한 관계를 맺을지에 대한 시작이므로 사춘기에 바른 이성에 대한 관계의 정립은 정말 중요합니다. 특히 좋아하는 사람이 원한다는 이유로 내 성적 자기결정권을 포기하는 일은 없어야겠죠.

성교육에 앞서 부모님이 가장 우선시해야 할 것은 아이의 감정을 인정하는 것입니다. 때로는 아이의 감정이 불분명할 수도 있고 변덕을 부릴 수도 있습니다. 아직 성장기에 있으니까요. 아이에게 문제가 있다는 식으로 지적해서는 안 됩니다. 그런 경험은 아이가 자신의 감정을 표현하는 것을 꺼리게 만들죠. 이야기를 마음껏 할 수 있도록 수용해주셔야 해요. 그래야 문제가 생겼을 때 그 자리에서 바로잡을 수 있으니까요. 아이의 이성 친구에 대해 수용적인 자세를 취하고 칭찬을 많이 해주세요. 좋은 점을 아이가 배울 수 있도록 말이죠. 마음에 안 드는 부분이 있더라도 좋은 점부터 보아주세요. 이성 친구에 대해 긍정적인 말을 해줘야 아이가 관계에서의 문제를 숨기지 않습니다. 자신의 이성적 욕구와 감정에 대해서 숨기지 않고 부모에게 표현할 수 있는 분위기를 만들어주는 것이 무엇보다 중요해요.

그리고 나서 관계에 문제가 발생했을 경우에 대한 적절한 대처 방법을 아이에게 알려줘야 합니다. 원하지 않는 스킨십을 하자고 한다면 책임질 수 있을 때까지 미루자는 확실한 의사 표현을 할 수 있도록 알려주세요. 아이들은 좋아하는 사람을 거절하면 관계가 멀어질 거라고 생각하기 쉽습니다. 그러나 그런 관계는 건강한 관계가 아니라고 꼭 설명해주세요. 사랑은 서로를 존중하는 것이니 일방적인 요구가 아닌 서로 동의한 결정을 따르는 것이 성숙한 사랑이라고 말해주세요. 아이가 이성을 거절했을 때도 멀어지지 않는 관계에서 의미를 찾도록 도와주세요. 억지로 맺어지는 관계는 오래가지 못하고 진정한 존중이 빠진다면 무의미하다는 것을 말이죠.

또한 이성과 만날 때 친구나 가족과 함께 만나는 것이 좋습니다. 가끔 집에 초대해보세요. 혹시 아이가 싫어하고 거부한다면 그건 부모님이 그 관계를 건강하게 받아들이지 못할 거라고 생각하기 때문입니다. 이때는 부모님이 먼저 달라지셔야 해요. 자녀 이성관계를 건강하고 건전하게 바라보고 아이의 의견을 존중하는 부모님이 되어주셔야 합니다. 무조건 이성교제를 반대하거나 트집잡고, 공부나 하라고 옥박지르신다면 아이는 언제까지나 자신의 마음을 숨길 수밖에 없습니다. 아이가 이성관계에서 어려움을 겪었을 때, 가장 먼저 부모님을 찾을 수 있도록 열린 마음과 긍정의 시선으로 아이를 대해주세요.

사춘기 아이에게 이성교제가 당연한 거라고 해도 사실 걱정입니다. 아이가 그 과정에서 상처 입을까 봐요. 하지만 그런 다양한 관계들을 겪어가며 아이는 성장합니다. 마치 온실 속 화초보다 들판의 잡초가 찬 바람과 궂은 날씨를 겪으며 더 건강하게 자라는 것처럼요. 사랑의 마음으로 돌봐주고 안내하더라도 온실 속에 가두지는 마세요. 아이는 아이만의 빛깔로 자라야 할 권리가 있습니다.

온라인에서 믿을 수 없는 사람을 만나요

부모 자극

아이들이 사춘기에 접어들면서부터 휴대폰과 전쟁입니다. 아들은 온라인 게임에서 모르는 사람들과 어울려서 게임을 하고, 딸은 SNS를 통해서 낯선 사람들과 친구하며 메시지를 주고 받습니다. 부모 입장에서 둘 다 걱정입니다.

아이들이 모르는 사람들과 소통을 하다가 문제가 되는 경우가 너무나 많잖아요. 뉴스에서 나오는 10대 이야기들이 남 이야기 같지 않아요. 모르는 사람과 메시지를 주고받다가 개인 정보를 공유하고 사진을 주고받는대요. 그러다 아이도 모르는 사이 그 사진이 합성돼 인터넷에 유포되는 경우도 있다고요. 또 어른들이 아이인 것처럼 속여서 함께 게임을 하다가 성적인 게시물을 보낸다거나 'N번방' 같은 곳에 초대받을 수도 있다잖아요. 그 주인공이 우리 아이들이 될 지도 모른다는 생각이 들어 무섭습니다. 그래서 아이들에게 조심시키고 함부로 친해지거나 개인 정보를 나누지 말라고 신신당부를 하는데 아이들은 내 말을 전혀 듣지 않습니다.

우리 아이들은 너무 순수하고 사람을 잘 믿는데 모든 사람의 말을 믿지 말라고 할 수도 없잖아요. 사람을 항상 의심하라고 하기도 힘들고요. 아이에게 세상에 대한 불신이 생기면 안 되니까요. 사이버상에서 낯선 타인과 관계 맺는 아이들 정말 고민이에요. 아이들의 모든 인터넷 생활을 감시할 수도 없으니 나날이 걱정만 깊어갑니다.

사춘기 반응

우리 부모님은 정말 너무 걱정이 많아요. 잔소리도 많고요. 걱정이 넘쳐서 내 게임 아이디와 SNS까지 공유하고 싶어한다니까요. 나에게도 프라이버시라는 게 있어요. 언제까지 부모님의 통제 아래서 지낼 수는 없잖아요. 부모님의 간섭 없이 내 마음대로 하고 싶은데 온라인 생활까지 간섭하니까 정말 너무 싫습니다. 왜 나를 못 믿는 걸까요?

뉴스에 나오는 10대의 이야기를 하며 온라인에서 사람을 함부로 사귀면 안 된다고 해요. 나도 함부로 사귀는 거 아니에요. 게임을 하면서 레벨을 올려주기 위해 도와주는 좋은 사람들이 있어요. 게임에 대한 후기도 나누고 레벨 올리는 법도 친절하게 알려주죠. 그런 사람들이 보내는 링크라도 함부로 클릭하지 않아요. 나도 그 정도는 구분할 수 있다고요. 설령 그 링크를 따라 들어가 성적인 게시물이 가득 담긴 사이트에 연결된다고 해도 닫아 버리면 되잖아요. 나는 거기서 빠지지 않을 자신이 있습니다. 내가 그 정도 분별력도 없지는 않다고요.

SNS도 마찬가지예요. 나에게 메시지 보내고 팔로잉 맺고자 하는 사람들 아무나 수락하지 않아요. 나도 그 사람 것에 들어가 보고 정확히 신분을 밝힌 사람들만 수락해요. 세상에 그렇게 나쁜 사람만 있는 건 아니에요. 같은 또래 친구들 위주로 맺으니까 너무 걱정 안 해도 돼요. 우리 또래는 우리가 알아볼 수 있어요. 어떤 단어를 주로 쓰고 무엇에 관심 있는가 살펴보면 딱 알거든요.

내가 그 정도의 분별력도 없을 거라고 생각하는 부모님이 정말 서운해요. 그 정도 일은 내가 알아서 한다고요. 그러니 나 몰래 계정 만들어서 내 SNS를 감시하는 일은 안 했으면 좋겠어요. 부모님이 내 생활을 염탐하고 있다고 생각하면 기분 나빠요. 혼자서도 잘하고 있고 앞으로도 잘 거라고요. 부모님이 부디 내 이런 모습을 인정하고 믿어줄 수는 없을까요? 정말 답답합니다.

새로운 놀이터 온라인

요즘 아이들은 친구를 어디서 사귈까요? 물론 학교나 학원에서 만나지만 SNS를 통해서 만나는 경우도 꽤 많습니다. 서로 다른 지역의 다른 나이대 친구와 연락을 주고받는 것이 낯선 풍경이 아니에요. 우리가 어렵게 라디오에 사연을 보내서 펜팔 친구를 사귀던 때와는 다르죠. 커뮤니티에 들어가면 아이들과 친구가 될 사람이 많습니다. 나의 존재를 정확히 모르고 나의 단점을 모르는 존재들이기에 아이들은 오히려 쉽게 친구가 됩니다. 그렇게 사귄 친구들이 자신의 존재감을 높여주는 대상이 되기도 합니다. 팔로워 수가 몇 명이냐에 따라 자신의 위치가 결정된다고나 할까요?

SNS를 안 하는 친구들의 경우는 게임에서 그런 존재감을 채우는 경우가 많습니다. 온라인 게임을 아는 친구와 하는 경우도 있지만 시간 맞추기가 쉽지 않습니다. 게임 취향이 다를 수도 있고요. 그래서 온라인에서 모르는 사람들과 게임 파트너가 되는 경우가 많지만 아이들은 개의치 않습니다. 자신이 게임 레벨을 잘 올릴 수만 있다면 큰 문제는 안 됩니다. 어차피 잠깐 만났다 헤어지는 존재니까요.

아이들의 생각이 일부는 맞습니다. 지속적으로 관계를 맺는 경우가 아니면 사이버에서 만나는 사람들이 큰 문제를 일으키는 경우는 많지 않습니다. 나쁜 사람만 존재하는 것도 아니죠. 아이도 분별력이 있습니다. 순수하고 타인의 의도를 다 알아채지는 못하지만 그간의 교육을 통해서 사이버에서 지켜야 할 개인 정보의 내용이나 조심해야 할 범위 정도는 알고 있죠. 우리는 그중에서 딱 한 사람이라도 문제가 생길까 봐 걱정입니다. 그 사람으로 인해서 아이의 사춘기가 망가질 만큼 큰 아픔과 피해를 겪을 수 있으니까요. 하지만 호기롭고 세상에 대해 겁이 없는 아이들은 그 마음을 이해하지 못합니다.

부모와 자녀 간의 세대 차이 때문입니다. 세대 차이는 경험한 것이 다르기 때문에 세상을 바라보는 눈을 전혀 다르게 만들죠. 사랑하는 자녀와도 세대 차이가 난다는 것을 잊지 마세요. 아이가 세상을 모르는 것이 아니라 아이가 사는 세상을 내가 모르는구나라고 인정할 때 아이를 이해할 수 있습니다.

새로운 위협 온라인

요즘 사춘기 아이들 사이에서 발생하는 많은 문제들이 온라인상에서 일어납니다. 메일을 통해 광고나 사기, 악성코드를 함께 전달하기도 합니다. 또 컴퓨터를 사용하다 보면 사용자의 파일을 암호화하거나 사용자의 기기에 접근을 차단한 후 금전적 보상을 요구하는 악성 소프트웨어인 렌섬웨어에 노출되기도 합니다. 공공 PC를 이용하고 제대로 로그아웃을 안 하거나 아무 프로그램이나 다운받을 경우도 사이버 범죄에 노출될 수 있습니다.

또 온라인 게임에서 만난 상대와 친해진 다음 사진을 요구하기도 합니다. 처음에는 얼굴 사진으로 친분을 확인하자고 하다 점차 수

위가 높아질 수 있습니다. 이미 자신에 대해 많은 정보를 노출해 문제가 되어도 끊어내기가 어렵습니다. 아이는 회유와 협박에 못 이겨 하나씩 사진을 제공해요. 그렇게 아이의 사진이 성범죄에 쓰이는 사건이 발생하게 됩니다. 어떤 아이는 문화상품권을 줄 테니 사진 한 장만 보내달라는 요구를 받기도 합니다. 용돈 벌 생각에 사진을 주었다가 사건에 휘말리게 되죠. 랜덤채팅을 통해 만난 상대와 고민 상담을 해주며 친해지는 경우도 있습니다. 신뢰를 쌓은 상대에게 카톡 아이디를 알려주면 그 상대는 수위가 높은 사진이나 영상을 요구합니다. 서로 신뢰가 있기 때문에 아이가 믿고 사진이나 영상을 주면서 사이버 범죄로 이어집니다.

이런 일들은 누구에게나 일어날 수 있습니다. 아이들은 자신의 분별력을 믿는데 어른들이 분별력이 없어서 각종 보이스피싱에 노출되고 피해보는 게 아니잖아요. 이성적으로 판단하지 못하도록 극한 상황을 만들면 어른들도 판단력을 잃을 수밖에 없는데 아이들은 오죽하겠어요. 아이들은 자신은 그런 피해를 당하지 않을 거라고 생각하는데 누구에게나 일어날 수 있는 일은 나에게도 일어날 수 있다는 것입니다. 또 큰 사건이 아니더라도 온라인 인간관계에서 아이가 상처받고 사람관계에서 혼란스러워하는 일은 쉽게 일어납니다.

언젠가부터 SNS에서 팔로워 수가 자신의 행복을 측정하는 기준이 되었습니다. 하지만 SNS에서 보이는 행복한 모습이 진실이 아닐 때도 많습니다. 실제는 그 사람들 사이에서 아이는 홀로 외로움과 소외감을 느낄 수도 있습니다. 아이가 온라인상의 관계에서보다 오프라인 관계를 늘리고 세상으로 나가 직접 경험하며 세상을 이해하는 것이 더 필요합니다.

피할 수 없다면 제대로 할 수 있게

아이가 디지털 범죄를 예방하고 건강하게 온라인상의 관계를 이어나가게 도와줄 방법은 없을까요? 우선 개인 정보를 철저히 지키도록 해야 합니다. 이름이나 나이, 전화 번호, 학교명, 교복, 사진 등을 SNS에 공개하는 것을 조심시켜야 합니다. 사진이나 영상은 언제든 변형되어서 범죄에 사용될 수 있으니까요. 다른 사람의 얼굴에 영상이나 사진을 합성해서 유포하는 딥페이크 범죄에 아이들도 피해를 당합니다.

아이들이 스스로 자신의 정보를 쉽게 노출하지 않도록 해야 합니다. 모르는 사람이 개인 정보를 묻거나 만남을 요구하면 부모님이나 선생님에게 알리도록 단단히 일러둬야 합니다. 많은 아이들이 또래끼리 상담하는데 위험합니다. 무슨 일이 있어도 화내지 않을 테니 부모에게 꼭 알리도록 신신당부해주세요. 또한 신원이 정확하지 않은 사이버상의 친구가 보낸 링크나 파일을 클릭하지 않아야 합니다. 자기도 모르게 해킹을 당할 수 있거든요. 너무 쉽게 사람을 믿고 정보를 주거나 부탁을 들어주지 않도록 알려주세요. 온라인상의 팔로워에게 중요한 일을 부탁하는 사람은 없다고요.

무엇보다 아이들이 어떤 온라인 활동을 하는지 관심을 갖고 지켜봐야 합니다. 아이에게 추궁하거나 윽박지르지 말고 스스로 자신의 활동을 공개할 수 있는 분위기를 만들어주세요. 너무 간섭한다는 생각이 들면 아이가 오히려 숨길 수 있으니, 자연스럽게 공개하는 분위기를 만드는 것이 중요합니다. 피해 사실을 알게 된다면 바로 전문기관에 상의해야 합니다. 아이에게는 절대 책임을 묻지 마세요.

부모에게 욕하고 폭력을 사용해요

부모 자극

아이 때문에 미쳐버리겠습니다. 이 녀석이 언젠가부터 말투가 거칠어지기 시작하더니 욕설을 대수롭지 않게 사용하더라고요. 요즘 아이들이 워낙 욕 없이는 대화를 못 한다고 하니까 걱정스러운 면이 있지만 또래 문화이겠거니 했습니다. 어느 날 의견이 안 맞는 경우가 생겼어요. 아이가 어릴 때처럼 잔소리했더니 갑자기 흥분해 제게 욕을 하는 겁니다. 아이에게 그런 욕을 듣다니 기분이 처참했습니다. 결국 아이와 말싸움을 하게 되었는데, 아이가 되려 집에 있던 물건을 던지며 더욱 심하게 욕을 섞어 막말을 했습니다. 그날만 생각하면 지금도 너무 힘이 듭니다. 아이는 자기 화를 못 참고 행패를 부리더니 제가 너무 놀라 가만히 서 있자 씩씩거리며 행동을 멈추었습니다. 그러고는 아무 사과도 없이 제 방으로 들어가 버리더군요. 뉴스나 신문에서 사춘기 아이가 부모에게 폭력을 행사했다는 내용을 본 적은 있지만 내 아이가 그럴 줄 정말 몰랐습니다. 아이는 곧 아무렇지 않은 것처럼 행동했지만 나는 그때를 잊을 수가 없습니다. 아이에게 어떤 말을 하면 폭발할까 두려운 마음에 아이와 대화 자체를 하고 싶지 않습니다. 아이에게 사과를 받고 다시는 그러지 않을 거라는 약속을 받고 싶지만 두렵습니다. 괜히 말을 꺼냈다가 또 다시 아이에게 폭언과 폭행을 당하게 될까 봐 피하고 싶습니다. 아이가 저에게 두려운 존재가 되리라고는 상상도 못 했던 일이에요. 나에게 했던 것처럼 밖에서도 폭력적인 행동을 한다면 문제가 심각할 것 같아 그것도 걱정입니다.

사춘기 반응

얼마 전 엄마와 말다툼이 있었습니다. 엄마가 또 공부 잔소리를 퍼붓기 시작했거든요. 엄마는 한 번 말하면 다 이해할 것을 한 말 또 하고 한 말 또 합니다. 어릴 때부터 그랬어요. 진짜 미칠 것 같습니다. 그래도 엄마니까 참고 넘어가려고 했는데 나쁜 친구들이랑 어울려서 내 인성이 잘못되고 있다는 말을 듣는 순간 참을 수가 없었습니다. 내 욕을 하거나 탓을 하는 건 괜찮습니다. 내가 완벽하지는 않으니까요. 하지만 가만히 있는 내 친구들을 들먹이는 건 참을 수가 없어요.

평소 유튜브나 게임에서 보던 욕이 자연스럽게 입에서 나왔어요. 처음엔 나도 당황스러웠죠. 그래도 엄마에게 지고 싶지 않았습니다. 그동안 쌓였던 엄마에 대한 반감이 폭발하듯 터져 나왔습니다. 엄마는 공부 못하는 나를 엄청 무시했거든요. 내가 욕을 한 것이 잘한 것이라고 생각은 안 합니다. 그때 내가 왜 그렇게 심한 욕을 했는지 나도 잘 모르겠습니다. 그런데 욕을 듣고 엄마가 더 흥분하더군요. 질 안 좋은 친구들과 어울려 배운 게 욕이냐며 제일 싫어하는 친구 탓을 했습니다. 그때 아마 내 뇌가 완전히 멈춘 것 같아요. 화가 나서 한참 물건을 던졌던 것 같은데 자세히 기억나지 않습니다. 물건을 던지다가 보니 엄마가 망연자실한 채 서 있더군요. 그제야 나도 조금 진정이 되었습니다. 따로 떨어져 있는 게 좋겠다 싶어 내 방으로 들어왔죠.

그때부터 엄마가 나를 피하는 것 같습니다. 물론 내가 잘못한 거 맞습니다. 엄마에게 그러면 안 됐죠. 하지만 엄마도 나에게 그러면 안 되는 거 아닌가요? 함부로 나를 재단하고 판단하는 엄마가 정말 싫습니다. 미안한 마음도 들지만 둘 다 잘못한 거라고 생각합니다. 그 상황에 대해서는 더 이상 이야기를 안 하고 있습니다. 제발 엄마가 내가 다시 이성을 잃을 만한 말을 안 했으면 좋겠습니다. 가족이라면서 가장 아픈 곳만 건드리다니…. 엄마가 나를 공격하는 태도는 정말 나를 화나게 만듭니다. 주체할 수 없이 화가 나면 나는 스스로 어떻게 할 수가 없습니다.

즐겁지 않은 마음의 표현, 욕

사춘기 아이들의 감정은 걷잡을 수가 없습니다. 부모와 흥분해서 열변을 토하다가도 금세 배가 고프다고 하면서 아무렇지 않게 다가옵니다. 언제 자신이 부모에게 공격적으로 대했나 싶을 정도로 확연히 다른 모습을 보이죠. 말은 또 어찌나 거친지 모릅니다. '급식체'라고 해서 또래끼리 사용하는 줄임말을 많이 씁니다. 너무 줄여서 알아들을 수도 없고 간간이 욕도 섞여 있습니다. 어쩔 때는 그런 아이의 거친 감정이나 말이 부모를 향할 때가 있습니다. 도대체 아이들이 왜 그렇게 거친 감정과 말을 가지게 되었을까요.

사춘기의 아이들은 체내 호르몬의 변화로 인해 감정 조절에 어려움을 겪습니다. 뇌의 가지치기로 인해서 상대적으로 취약해진 전두엽은 상황에 대한 판단능력이 떨어집니다. 특히 부정적인 상황에서 생기는 화를 주체하지 못합니다. 어째서 그런 말이 나올 수밖에 없었는지 이성적으로 판단하지 못하고 화만 내죠. 엄마가 잔소리하는 것같고 자기 삶을 쥐고 흔든다는 생각밖에 안 드는 겁니다. 부모의 입장을 이해하겠다는 생각은 하지 못합니다. 또한 상황을 판단하지 못하니 계획을 세우거나 잘못된 행동을 고치는 데 어려움을 겪습니다. 오래 집중하는 능력도 이해력도 떨어지고 인내심도 적어집니다. 감정 조절이 힘들어 일단 화가 나면 표출하고 보는 거죠. 해결할 의지도, 능력도 없이 말입니다. 앞으로 어떻게 해야겠다는 생각을 하지 못합니다.

사춘기에는 자신의 독립성과 자아를 구축하는 과정에서 부모의 잔소리를 통제로 받아들입니다. 반항심이 생기면서 이를 깨트리고 싶은 마음이 강하게 들죠. 그래야 자신을 지킬 수 있을 것 같다는 착각에 빠지는 겁니다. 자신을 통제하지 못 하도록 욕설이나 폭행 등의 강한 방법으로 대처하게 됩니다. 또래들이 욕설을 자연스럽게 일상어로 사용하고 미디어의 격한 말에 많이 노출된 이유도 있습니다. 이 시기 아이들에게 욕설은 그렇게 큰 문제가 되지 않습니다. 친구들이 누구나 편하게 사용하는 말이라고 생각하거든요. 그러다 보면 자연스럽게 부모 앞에서 욕설이 나오게 되는 것이죠.

사춘기 아이들의 대화를 들어보면 반 이상이 욕입니다. 줄임말이 난무해서 어른들은 대화에 끼기도 어렵습니다. 어른들이 보기엔 한심하기만 한 그 대화를 아이들은 정말 신나서 합니다. 가만히 생각해보면 우리도 그랬습니다. 아무것도 아닌 것에 웃고 즐거워하던 게 그 시절이죠. 막말하면서 스트레스를 풀기도 했고요. 아이가 욕을 하는 것은 사실 마음이 즐겁지 않기 때문일 겁니다. 욕하는 행동보다 아이 마음 어디가 불편한지 그것부터 알아봐 주세요.

힘들어도 가르쳐야 합니다

아이에게 사춘기의 뇌 변화나 주변 문화 때문에 욕설이 자연스러운 거라고 해도 부모 입장은 다릅니다. 동방예의지국이라는 문화에서 자란 우리는 아이의 친구가 아닙니다. 가장 소중한 존재인 부모에게 욕을 하는 것을 용납하기는 정말 어렵죠. 그럼에도 아이가 혼란스러운 시기를 겪고 있음을 이해하고 다시는 그런 일이 생기지 않도록 준비해야 할 사람 또한 부모입니다. 아이가 조절할 수 없고 스스로 판단할 수 없다면 부모가 아이의 전두엽이 되어 대신 판단해줄 수밖에 없으니까요. 감정적으로 매우 속상하고 곁에 두고 싶지 않겠지만 그럼에도 가르쳐줘야 합니다. 지금 배우지 않으면 아이는 평생 못 배울 수도 있습니다. 겉으로 하는 형식적인 사과가 아닌 가슴 깊은 곳에서 느끼고 달라져야 합니다.

자녀에게 폭언과 폭행을 당했을 때 부모는 어떻게 대처해야 할까요. 우선 침착해야 합니다. 부모가 함께 흥분하고 맞대응을 하면 아이는 감정의 최고치까지 폭발합니다. 아이가 이성을 잃고 퍼붓는 말과 행동에 상처받는 것은 부모입니다. 처음부터 이런 상황이 발생하지 않도록 강도를 조절해야 합니다. 아이가 욕을 하거나 폭력적인 행동을 하면 부모가 먼저 그 자리에서 멈추세요. 심호흡을 하고 시간을 갖는 것만으로도 감정적으로 흥분한 상태를 잠재울 수 있습니다. 그때 내가 아이의 버릇을 고치겠다며 부모의 권위를 앞

세워 더 화를 내는 것은 결코 좋은 방법이 아닙니다. 대화는 아이의 화가 가라앉고 이성적인 판단이 가능한 평정심의 상태에서 진행해야 합니다. 아이가 감정적으로 과도하게 흥분하기 시작하면 어떠한 대화나 훈계도 멈춰야 합니다.

대화의 규칙을 세우는 것도 좋습니다. 아이가 한 번 과하게 폭력을 사용하게 되면 부모도 두려운 마음이 듭니다. 사춘기 아이들은 감당하기 어려울 정도로 흥분하고 걷잡을 수 없이 폭발하니까요. 그래서 아이와 평상시에 규칙을 만드는 게 좋습니다. 목소리가 많이 커지거나 감정적으로 기분이 몹시 상했을 경우 그 자리를 떠난다와 같이요. 아이가 흥분하면 부모는 규칙을 언급하며 시간을 갖자고 말하고 자리를 떠나세요. 그러면 아이도 알아챌 겁니다. 자신이 다시 흥분하고 있다는 사실을 말이죠.

아이가 아무리 흥분하더라도 안 되는 것은 반드시 가르쳐줘야 합니다. 그 자리에서 혼내지 않더라도 아이의 흥분이 가라앉은 후에 반드시 사과할 수 있도록 자리를 마련하세요. 아이가 사과를 하면 부모님도 기꺼이 아이의 진심을 받아들이고 다시 그런 상황이 일어나지 않도록 조심하겠다 약속을 하셔야겠죠. 사랑하는 사람 사이에서 말로 혹은 행동으로 상처 주는 일은 결코 일어나서는 안 됩니다. 확실하게 알려주세요. 아이가 말로 표현하면서 다시금 마음에 새길 수 있도록 해야 합니다. 그래야 그런 상황이 다시 일어나더라도 아이가 자신의 마음을 진정시키고 이성적으로 행동할 수 있을 거예요.

사랑하는 가족 사이에서 폭력과 폭언은 절대 일어나서는 안 됩니다. 이런 사태가 벌어지기 전에 불안정한 사춘기 아이의 정서 상태를 이해하시고 부모님이 먼저 멈추세요. 아이의 감정이 잦아든 다음 대화해도 충분히 알아듣습니다. 또한 아이가 그런 말과 행동을 사용하는 데 있어 평소 부모님의 태도나 행동에 문제는 없었는지 한 번 돌아보시기 바랍니다. 거칠게 아이를 다루고 함부로 평가하고 존중하지 않는 부모 밑에서 자란 아이에게 부모를 존중하라고 이야기하면 결코 통하지 않을 테니까요.

3장

공부에서
멀어지는 아이의
진심

우리 아이 '수포자' 선언

학교 다닐 때 수학을 공부했지만 그렇게 힘들었던 기억은 없거든요. 물론 어려운 부분도 있었지만, 포기하진 않았어요. 그런데 우리 아이는 수학이 너무 어렵다며 자기는 수학을 포기하고 싶다고 합니다. 아직 어린아이가 그런 말을 하니 어이가 없습니다. 무슨 '의대 준비반'에서 새벽부터 저녁까지 종일 문제만 풀었다거나, 죽을 만큼 공부를 한 것도 아닙니다. 그런데 쉽게 그만둔다니… 실망스러워요.

과하게 시킨 것은 아니지만, 방치한 것도 아니에요. 조금만 크면 수학을 어려워하는 아이들이 많다고 해서 학교 진도에 뒤처지지 않도록 늘 신경 썼어요. 구구단도 학교에서 배우기 전에 미리 연습시키기도 하고요. 사실 구구단 때부터 불안했어요. 그 간단한 것을 바로 못 외우더라고요. 구구단을 못 외운다니 이것은 성의의 문제라고 생각합니다. 앞으로 수학을 어떻게 하려고 그러는지 앞이 깜깜해 구구단 연습을 확실히 시켰던 기억이 납니다. 그 과정에서 애는 눈물 콧물을 다 짰지만 덕분에 구구단을 못 외워서 불이익을 당하지는 않았죠.

그러나 안심은 잠시, 차차 학년이 올라가고 교과 과정이 어려워지자 아이는 수학에 흥미를 느끼지 못했습니다. 이러다가는 진짜 '수포자'가 되겠다 싶어 동네에서 유명한 곳으로 학원을 알아봤습니다. 전문적으로 지도하는 곳이니 뭔가 노하우가 있을 거라 생각했죠.

학원을 다니니 정해진 숙제가 있어서 좋더라고요. 아이가 수학 숙제를 할 때마다 앞에 앉아서 수학 문제를 푸는 것을 봤어요. 왜 저걸 못 푸나 싶어 지적하고 싶은 마음이 굴뚝 같았지만, 아이가 기죽을까 봐 참고 또 참았습니다. 그런데 채점하면서 결국 터져 버렸어요. 글씨는 괴발개발에, 맞은 게 거의 없는 거예요. 이렇게 할 거면 차라리 다 그만두라고 하며 수학 문제집을 찢어버렸습니다.

돌아서니 좀 과했다는 생각이 들어요. 하지만 솔직히 산수 수준 문제도 못 풀면 더 어려운 사고력 문제는 어떻게 풀지가 더 걱정됩니다. 아이가 정신을 좀 차렸으면 좋겠어요. 그 사건 이후로는 수학 문제집만 보면 잔뜩 긴장합니다. 어떻게 해야 아이가 즐겁게 수학을 받아들일 수 있을까요. 대학 입시에서 가장 중요한 과목이 수학이라고 하는 데 아이를 어떻게 하면 좋을지 모르겠습니다.

 **사춘기 반응**

어려서부터 늘 그랬습니다. 엄마아빠는 수학 공부를 할 때면 예민해졌습니다. 수학 단원평가라도 보는 날에는 야단이 나곤 했습니다. 하나라도 틀리면 도대체 머리가 있느냐 없느냐 하면서 온갖 비난이 쏟아졌죠. 실수로 틀렸다고 설명을 해도 소용없었습니다. 수학을 못 하는 부족한 사람이 된 것 같은 기분이들었습니다. 다른 시험에는 관심도 없으면서 유독 수학 시험지만 보면 잔소리가쏟아졌습니다.

"수학이 얼마나 중요할지 알아?"

엄마의 이 말이 반복될수록 나의 머릿속에서는 두려움이 커져만 갔습니다. 수학이 중요한 건 알지만 수학 문제 앞에만 서면 심장이 두근두근 댔습니다. 구구단을 외워야 하는 순간에 그 두려움은 한층 더 커졌습니다.

"원리를 알아야 해."

아빠가 덧셈으로 구구단을 설명할 때까지만 해도 괜찮았습니다. 처음 그렇게우아하게 설명을 이어가던 아빠는 어느 순간 나에게 구구단표를 보여주고 무조건 반복해서 외우라고 했습니다. 너무 재미가 없고 왜 이걸 외워야 하는지 이유도 알 수 없었죠. 그때부터 수학이 조금씩 싫어졌습니다. 그래도 꾹 참고 외웠습니다. 혼나고 싶지 않았거든요.

엄마가 수학 학원을 등록하며 수학에 대한 거부감은 더 커졌습니다. 재미도 없고 왜 해야 하는지도 모른 채 수학 문제를 풀기 시작했습니다. 정말 많이, 많이 풀었습니다. 하나라도 틀리면 엄마는 날카로운 목소리로 화를 냈습니다. 나는 점점 수학이 두려워졌습니다. 엄마가 그럴 거면 수학 공부를 그만두라며 문제집을 찢은 날, 나는 너무 무섭고 힘들었습니다. 왜 수학이 엄마를 저렇게 괴물로 만드는지 이해할 수 없었습니다.

지금도 엄마아빠는 수학이 중요하다고 말합니다. 다른 공부와 달리 수학 공부는 하루도 거르지 말라고 하죠. 그런 말을 들을 때마다 수학에 대한 관심은 더 사라지고 싫어집니다. 수학이 없어져 버렸으면 좋겠어요.

왜 수학이 싫을까

아이는 어릴 때부터 부모와 정서적으로 연결되어 있습니다. 그러다 보니 부모가 예민하게 느끼는 부분에서 감정 전이가 일어납니다. 그래서 아이도 부모와 비슷한 감정을 느끼지요. 공부에 대한 느낌도 그렇습니다. 우리는 언젠가부터 수학의 중요성을 강조하고 '수포자'라는 말로 수학의 공포를 키우고 있습니다. 그 공포는 그대로 아이에게 전달되어, 아이는 수학을 두려운 존재로 받아들입니다.

초등 고학년, 그리고 중학교 2학년에 '수포자'가 다수 발생한다고 하죠. 이때가 수학에서 추상적인 개념이 등장하는 시기라 어려워지기 때문이기도 하지만, 사춘기 시작점 그리고 최고점과도 연결됩니다. 오직 수학이 어려워서라기 보다 수학에 대한 감정이 나빠지면서 '수포자'가 많이 생기는 것이죠.

부모 입장에서는 아이에게 수학을 포기할 만큼 나쁜 감정을 준적이 없다고 할 수 있습니다. 그런데 친절하기만 했던 엄마아빠가 수학 공부를 할 때면 날카로워집니다. 구구단을 외울 때, 단원평가에서 몇 문제를 틀렸을 때, 수학 학원 숙제가 밀리고 테스트에서 좋은 점수를 못 받으면 매서운 눈초리를 받아야 합니다. 비난의 말을 퍼붓고, 학원을 다니지 말라고 협박합니다. 거기에 문제집을 찢으며 공포 분위기를 조성하기도 하죠. 수학에 대한 두려운 감정은 이런 경험들로 만들어집니다.

이럴 때 아이 마음은 어떨까요. 무섭고 지긋지긋할 거예요. 수학에 대한 긍정적인 마음이 생겨날 수가 없습니다. 그러니 수학 문제 앞에만 서면 긴장하게 됩니다. 수학이 두려운 존재가 되니 포기하고 싶은 마음이 들 수밖에 없습니다. 시험 불안이나 긴장, 수학에 대한 부정적 태도와 두려움, 반복되는 실패 경험이 쌓입니다. 여기에 추상적인 수학 개념이 더해지면서 아이들은 수학을 포기하기 시작합니다.

수학에 대한 감정 돌아보기

수학은 중요하기 때문에 열심히 해야 한다고 말합니다. 그런 부모님의 기대 때문에 자연스럽게 공부하지 못하고 부담을 갖는 아이들을 위한 해결 방법은 없을까요?

수학은 기초 개념이 중요합니다. 기초 개념을 철저하게 이해하고 반복해 완전히 자기 것으로 만들어야 합니다. 개념을 이해했으면 다음은 문제를 풀면서 개념을 다시 한번 익히는 과정이 필요합니다. 수학은 나선형 구조입니다. 전에 배웠던 내용을 반복해서 다시 배우면서 점차 추가되고 어려워집니다. 그런데 전에 배웠던 내용을 제대로 이해하지 못한다면 어떨까요. 그 다음 단계로 나아갈 수가 없습니다. 특히 기초 과정에서 이해를 잘 못했거나 부적절한 학습 방법을 사용했다면 쉽게 해결하기 힘듭니다. 그만큼 기초가 중요한 과목입니다.

아이가 '수포자'를 선언했거나 선언할 거 같으면 기초가 얼마나 탄탄한지를 먼저 확인하세요. 부족한 부분을 찾아 메꿔주면서 작은 성공 경험을 줍니다. 기초 수학 개념이 구멍이라면 학년과 관계없이 아이가 할 수 있는 수준의 문제를 반복해서 풀리는 것이 좋습니다. 전혀 풀리지 않던 문제도 반복해서 풀다 보면 풀리기 시작합니다. 그러면 아이가 생각하죠. '하니까 되네?' 수학 문제가 풀린다는 생각이 들면 그때부터 재미가 생깁니다. 재미있는 것을 이길 방법은 없습니다. 수학에서 문제가 풀리는 경험을 한 아이들은 두려움 없이 다른 문제에도 도전할 수 있습니다.

부모가 수학에 대한 예민하고 불안한 감정을 주었다면 사과하세요. 지금부터는 수학에 대해 작은 성과라도 칭찬하겠다는 마음으로 아이와 대화해야 합니다. 그럴 자신이 없다면 수학에 대해서는 아무 말도 하지 않는 편이 낫습니다. 이미 오래전부터 아이에게 쌓여 있는 두려움과 부정적인 감정은 쉽게 사라지지 않습니다. 아이가 기초부터 다잡아 구멍을 메꾸고 긍정적인 경험을 쌓아 부정적인 감정을 지워나가도록 도와줘야 합니다.

수학에 대한 부정적인 태도와 두려움, 스트레스가 '수포자'를 만듭니다. 아이 머리가 나빠서가 결코 아닙니다. 수학에 대한 불안이 있어 문제 앞에서 당황하는 그 마음을 알아주세요.

수학이 재미있다

안 풀리던 게 풀리는 놀라운 경험을 한 아이는 조금씩 수학의 재미를 느낍니다. 이제 아이가 이 가느다란 실마리를 놓지 않고 이어가게 해주는 것이 필요합니다. 교사의 설명 방식이나 접근법이 아이에게 어려웠는지 확인해보고 그렇다면 학원이나 선생님을 바꿔보세요. 동네에서 가장 좋은 학원으로 유명해도 우리 아이에게는 맞지 않을 수 있습니다. 공부는 언제나 내 아이를 기준으로 판단해야 합니다.

추상적이고 논리적인 사고를 요구하는 것을 어려워 한다면, 아이들이 만지고 경험하고 생각하는 수학으로 재미를 확장해주는 것도 필요합니다. 무작정 진도만 나가기보다는 아이들에게 맞는 교육 방법을 적용하는 것입니다. 서두르지 않아도 되니 재미를 찾아주는 방법을 알려주세요. 긍정적인 경험과 느낌을 많이 주는 것이 필요합니다.

수학 개념을 실생활과 연결시키는 것도 수학의 재미를 키워줍니다. 일상에서 수학이 어떻게 쓰이는지 찾아보고, 왜 수학을 배워야 하는지 알아보는 겁니다. 또 게임이나 퀴즈를 통해 수학을 배워봐도 좋습니다. 보드게임을 통해 아이들이 수와 수학 체계에 친숙해지면 이를 재미있게 수학에 적용할 수 있습니다. 그림이나 그래프, 비디오 등 시각적 자료를 통해 추상적인 개념을 알려줄 수도 있습니다.

이렇게 재미와 자신감을 조금 찾았다면 스스로 설명하도록 합니다. 공부에서 가장 효과적인 방법이 나 아닌 다른 존재에게 개념을 설명하는 것입니다. 부모님이나 동생, 혹은 인형이나 혼자서라도 익힌 개념을 입밖으로 꺼내 설명하게 하세요. 부모님이 설명을 들으며 아는 체 해서는 안 됩니다. 부모님은 아이의 설명에 무조건 귀를 기울이시고 고개를 끄덕이세요. 아이의 설명을 지적하거나 고쳐주려 하면 안 됩니다. 부모님에게 자신이 개념을 성공적으로 설명했다는 사실만으로도 아이는 수학에 대한 자신감을 갖습니다.

"네 덕분에 모르던 것을 쉽게 알게 되었어."

칭찬 한 마디가 더 해진다면 금상첨화입니다. 어쩌면 더 공부해서 가르쳐주려고 할지도 모릅니다. 이 작은 경험이 언제 우리 아이를 수학 잘하는 아이로 만들까 걱정하지 마세요. 그렇게 쌓인 작은 것들이 분명 힘을 발휘할 때가 옵니다.

답지를 베껴요

한 끗 차이라고 하지요. 상위권과 중위권은 한 끗 차이인데 그걸 극복하지 못하는 아이가 안타깝습니다. 한 번이라도 상위권에 머물러본 아이는 그것을 유지하기 위해 애를 쓴다죠. 인정받고 성취해냈다는 그 기분이 좋으니까요. 그런데 우리 아이는 아닙니다. 중위권에서 상위권이 되겠다는 욕심이 전혀 없습니다. 그냥 이 정도면 괜찮다며 만족합니다. 열심히 하면 할 수 있다는 것을 알려주고 싶은데 아이가 꿈쩍을 안하니 답답할 노릇입니다. 스스로 움직이지 않는 아이를 움직이게 하는 게 너무 힘이 듭니다.

도대체 무엇이 문제일까 궁금해서 아이 문제집을 꺼내봤습니다. 아이가 열심히 풀어낸 문제집을 보내 대견하고 짠하기도 하더군요. 잘 모르는 문제에는 빨간색으로 여러 번 별표를 했습니다. 내가 그렇게 하라고 시켰거든요. 그런데 문제를 푸는 과정을 보니 조금 이상합니다. 과정이 정확하지 않은데 답은 맞습니다. 아이에게 물어봤습니다. 이 부분이 풀이가 이상한데 어떻게 풀었느냐고요. 내가 정말 모를 때 참고하라고 했던 '콴다'라는 수학 문제 풀이 앱으로 찍어 답을 베꼈답니다.

　어려운 문제, 잘 모르는 문제가 바로 진짜 네가 모르는 부분이니 그 부분을 혼자서 끙끙대며 풀어보라 했습니다. 그게 바로 진짜 공부가 되는 것이라고요. 그런데 답을 보고 베끼다니…. 아이에게 왜 그랬는지 솔직히 말하라고 했습니다. 아이는 어려운 문제가 나오면 생각하기 싫어 그랬답니다. 그동안 수학뿐 아니라 다른 과목도 어려운 문제가 나오면 쉽게 해설서를 봐왔던 것입니다. 이렇게 하는 것은 네 지식이 아니라 의미가 없으니 혼자서 다시 공부해 보라고 하고 지켜봤습니다. 이번에도 아이는 슬쩍 인터넷에서 해당 문제집 이름을 검색해서 답지를 찾아 베꼈습니다. 혼자서 해봤으면 하는 내 바람은 그저 나의 헛된 생각일 뿐이었습니다. 잘하고 있다고 생각했는데 방향이 틀렸던 거지요.

　고등학생을 둔 지인들을 만나면 초등학생 때 공부는 아무것도 아니라고들 합니다. 자기 주도와 욕심으로 공부하는 아이가 고등학교 끝까지 살아남는다지요. 선생님들도 그래요. 엄마가 끌고 가는 게 아니라 제 욕심을 가진 아이가 잘 해낸다고 하십니다. 그런데 우리 아이는 그런 욕심도 동기고 없고 거짓말까지 하니 어떻게 하나 싶습니다.

엄마가 내 문제집을 몰래 본 모양입니다. 한동안 엄마의 구박과 감시가 이어질 것 같습니다. 엄마는 이런 일이 한번 생기면 감시 태세로 전환합니다. 이제껏 나에게 맡기겠다, 너를 믿는다라고 했던 말들은 순식간에 사라집니다. 나 스스로 하지 않으니 엄마가 개입할 수 밖에 없다며 사사건건 간섭하기 시작합니다. 아휴, 한동안은 또 힘들어질 것 같네요.

문제가 너무 힘들어서 해설지를 좀 봤습니다. 아무리 생각해도 모르겠는데 어떻게 해요. 학원에서 가르쳐 주지만 무슨 말인지 이해 안될 때가 많습니다. 나도 체면이 있는데 매번 선생님에게 모르겠다고 물어볼 수도 없잖아요. 집에 오면 막막합니다. 그러니 해설지를 보게 되지요. 해설지를 보면 그제야 "아하!" 싶습니다. 그런데 어느 날 엄마가 그걸 보더니 해설서를 가져가 버렸습니다. 나 혼자 생각하면서 풀어야 하는데 방법이 잘못 됐다는 겁니다. 그때부터는 막막함을 해결할 길이 없었습니다. 그때 혜성처럼 등장한 게 '콴다'였습니다. 숙제는 많고 이해는 안 되고 시간은 없으니 콴다의 도움을 받을 수밖에 없었습니다.

엄마는 늘 내가 욕심이 없다고 걱정입니다. 평균 점수를 맞아도 큰 걱정이 없다고 하시죠. 그게 좋은 거 아닌가요? 늘 성적에 전전긍긍하며 살아야 하나요? 사실 내 마음에도 잘하고 싶고 인정받고 싶은 마음이 있습니다. 하지만 그게 어디 쉬운가요? 내 시간과 노력을 들여서 힘들게 해내야 하잖아요. 그렇게까지 하고 싶지는 않아요. 왜 그래야 하는지 이유도 모르겠어요. 즐기면서 조금 편안하게 살면 안 되나요? 내가 행복했으면 좋겠다고 부모님은 늘 말씀하십니다. 지금 나는 행복해요. 공부 이야기만 안 나오면 충분히 괜찮습니다. 그런데 늘 공부 이야기만 하면서 압박을 주고 나를 불행하게 만드는 건 부모님입니다. 그런 부모님이 내 행복을 이야기할 수 있는 걸까요? 그냥 내가 행복하기를 바라면 내 모습 그대로 사랑해주고 인정해주면 안 되나요?

안 그래도 학교나 학원에서 비교당해서 나도 압니다. 내가 그렇게 썩 좋은 머리와 실력을 가진 게 아니라는 걸 매일 인증받고 있다고요. 그런데 부모님까지 나를 성적으로 따지고 숨 못 쉬게 하니 나는 마음 편히 있을 곳이 없습니다. 나 좀 내버려둬주세요. 나도 지금 어떻게든 내 존재를 입증하느라 힘들어 죽겠다고요. 내가 욕심이 없는 게 아니라 내가 어떻게 해도 늘 부족하게 보는 부모님이 문제라는 걸 왜 모르시나요.

아이는 '척척'박사

아이가 그야말로 척척 박사였습니다. 하는 '척' 아는 '척'하고 있었던 거지요. 알고 보니 제 실력이 아니었습니다. 아이가 그래도 괜찮은 수준이라고 생각했었는데 어디까지가 진짜 아이 실력인지 혼란스러울 겁니다. 부모에게 거짓말까지 하며 공부하는 척했던 '척척'박사 아이를 이해하기 힘들 겁니다. 그런데 아이가 어떤 마음에서 그랬는지 생각해보셨나요? '오죽 답답했으면'이라고 생각해보면 아이 마음이 조금은 이해되실 겁니다. 실제로 아이가 그런 행동을 한 이유니까요.

아이가 욕심이 없다고 하지만 가장 공부를 잘하고 싶은 건 본인입니다. 100점을 맞았을 때 가장 기쁜 것도 아이이고 성적이 안 나왔을 때 제일 속상한 것도 아이예요. 친구들이 자기를 우습게 볼까 두렵기도 하고, 나는 왜 이것밖에 안 되는지 자괴감도 듭니다. 늘 공부도 발표도 잘하는 친구들 사이에서 기가 죽어요. 어떻게든 존재감을 드러내고 싶은데 그게 안 돼서 죽을 맛이죠. 그런데 부모가 더 야단입니다. 그럼 아이는 사실 "어쩌라고?"라고 외치고 싶어요. 한편으로는 부모를 실망하게 하고 싶지 않습니다. 아이가 가장 신경 쓰고 잘 보이고 싶은 상대는 부모니까요. 그래서 어쩔 수 없이 거짓말까지 하고 있었던 겁니다. 아이 마음에 도덕성이 사라져서가 아닙니다. 도덕성보다 더 지키고 싶은 것이 부모의 기대였기 때문이지요.

아이가 부모에게 거짓말을 하면서까지 공부하는 척을 하고 있다면 원인이 무엇인지 반드시 따져봐야 합니다. 대부분은 다음 두 가지 경우가 많습니다.

첫째, 해야 할 일이 너무 많아 시간이 없는 경우입니다. 시간이 없다고 느끼면 누구나 자기 손에서 줄일 수 있는 것을 줄이게 됩니다. 아이들에게 제일 손쉬운 것이 숙제입니다. 아이들은 절대 숙제를 '스스로 문제를 해결해서 지식과 실력을 쌓기 위한 과정'이라고 생각하지 않아요. 그저 해야 할 것, 하지 않으면 혼나는 것이라 생각하죠. 그러다 보니 어떤 방법을 동원하든 숙제를 했다고 확인만 받으면 된다고 생각합니다. 그러니 답지, 앱, 인터넷을 동원해서 답만 옮겨 적어 시간을 단축시키는 것입니다.

둘째, 학습 레벨이 너무 높은 경우입니다. 초등학생 때는 학교에서 성적표가 나오지 않으니 많은 부모들이 학원의 레벨로 아이의 실력을 가늠합니다. 그런데 생각해보면 레벨이라는 것은 그저 그 학원에서 만들어낸 주관적인 기준일 뿐 아무런 권위가 없습니다. 그런데도 마치 수능 등급이라도 되는 것처럼 그 레벨에 집착하게 됩니다. 그 레벨이 현재 우리 아이의 실력이라고 생각하기에 그런다는 것을 이해는 합니다. 문제는 레벨에 너무 집착한 나머지 아이가 자신의 실력보다 높은 레벨로 가는 것을 오히려 자랑스러워하는 경우가 생긴다는 것이죠. 학원에서 가장 좋은 상황은 아이가 자신의 레벨에 꼭 맞는 수업을 듣는 것입니다. 그것이 사교육을 받는 이유니까요. 높은 수준의 반 수업은 아이가 알아듣기 힘듭니다. 모르면 질문을 하면 되지 않을까, 학원 선생님이 뭔가 조치해주시지 않을까라는 막연한 기대는 현실성이 없어요. 아이는 다른 아이들을 의식하고 부모님, 학원 선생님을 의식해서 모르는 문제는 답을 베껴가는 것으로 자신의 체면을 세우게 됩니다. 사춘기니까요. 아이는 점점 주변을 의식하고 자신을 있는 그대로 보이는 것이 불편해졌다는 것을 잊으시면 안 됩니다.

이 외에도 아이의 각 상황에 따라 다양한 이유가 있을 겁니다. 이런 상황이 발생했다면 우선 이런 문제가 왜, 언제부터 생겼는지 알아봐야 합니다. 이때 가장 중요한 것이 심문하듯 따져 묻지 말고 아이가 솔직하게 말할 수 있는 분위기를 만들어주어야 한다는 것입니다. 아이도 이미 잘못한 것을 압니다. 그래서 미안할 거예요. 그 마음을 먼저 읽어주세요. 아이가 어려운 마음이 있었다는 것을 알아주는 게 중요합니다. 아이가 도덕성이 결여되어 거짓말을 하고 부모를 속인 게 아님을 알아주세요. 아이도 마음의 문을 열고 달라질 준비를 할 것입니다. 나그네의 옷을 벗기는 것은 매서운 바람이 아닙니다. 따스하고 부드러운 말투로 아이와 이야기해야 합니다. 그래야 오히려 다시는 거짓말을 하지 않습니다.

문제가 무엇인지 파악했다면 해결책을 찾아야겠지요. 아이에게 길을 만들어줘야 해요. 그 길의 중심에서 아이가 판단할 수 있도록 합니다. 학원 레벨이 문제였다면 학원과 상담해보세요. 아이가 제대로 수업을 따라가고 있는지 알아보고 숙제량이 문제인지, 레벨 자체가 문제였는지 의논하는 겁니다. 그리고 조절할 수 있는 부분을 찾아보세요. 학원 선생님에게 따로 질문하거나 부족한 부분을 메꿔줄 수 있는 프로그램이 있는지 알아보는 것도 좋습니다. 상담이 끝나면 아이와 그 내용을 공유하세요. 할 일이 너무 많은 것이 이유였다면 아이와 의논하며 가장 중요한 것을 중심으로 계획을 조절합니다.

그리고 진심으로 말씀하세요.

"다시는 너의 거짓말로 서로가 상처받는 일이 없었으면 좋겠어."

부모의 욕심이 아이 시야를 가린다

중위권에서 상위권으로 성적을 올리고 싶은 건 아이도 마찬가지입니다. 아이에게 욕심이 없는 게 아닙니다. 부모의 과도한 기대가 아이를 주눅 들게 하는 것이지요. 가만히 생각해보세요. 엄마가 아파 꼼짝할 수 없는 날, 아빠가 퇴근 전일 때 아이가 어떻게 행동하나요? 아이는 어떻게든 엄마를 도우려 합니다. 옆에 마실 물도 떠다 주고, 약도 챙겨 주지요. 자기 일도 알아서 잘합니다. 평소보다 더 말이죠. 그 모습을 보면서 부모가 힘을 빼야 아이가 스스로 움직이는구나 하고 느끼셨을 거예요. 공부도 마찬가지입니다. 부모가 앞서면 아이는 뒤따라올 수밖에 없습니다. 아이가 앞서야 해요. 부모는 뒤에서 바라봐주고 응원만 해주면 됩니다. 아이를 키우는 일은 자전거 가르치기와 같다 했습니다. 부모가 뒤에서 잡아주는 척하다가 슬쩍 손을 놓는 거지요. "엄마 여기 있어." 하면서 말이에요. 그 믿음으로 아이는 앞으로 나아갑니다. 아이가 욕심부리기 전에 엄마가 먼저 목표 지점을 정해두고 자전거 앞에 서서 방향키를 잡고 이리저리 흔들고 있는 것은 아닌지 생각해봐야 합니다.

누군가 아이가 공부를 어느 정도 하냐고 물으면 뭐라고 대답하시나요? 겸손한 표정으로 "중상위권 정도 합니다."라고 하지 않으시나요? 아이의 성적이 확실히 극상위권은 아니지만 그렇다고 아주 못하지도 않지요. 내 아이니까 못할 리도 없고 못 해서도 안 되니, '중상위권'이란 결론입니다. 중상위권이란 대답에는 아이의 성적만 있는 것이 아니라, "난 성적을 그렇게 신경 쓰는 부모는 아니어서 아이에게 공부로 압박을 하고 있지 않아."라는 뉘앙스도 담고 있죠. 하지만 내 마음 깊은 곳에는 상위권이었으면 하는 욕심이 있습니다. 그리고 이 욕심은 아이의 시야를 가립니다. 아이가 스스로 나아갈 방향을 못 보게 할 수도 있어요. 진짜 아이가 중간만 가도 되나요? 진심은 아이가 최상위, 극상위권이었으면 하잖아요. 내 아이인데, 그걸 못해낼 리가 없다고 생각하죠. 그만큼 소중한 아이니까요. 그런데 실제로는 그렇지 못하니 실망하고 안타까워요. 때로는 윽박지르는 부모 때문에 아이가 가진 역량을 제대로 발휘하지 못하지는 않나 깊이 생각해보세요.

고등학교 선생님, 특히 특목고 선생님들이 입을 모아 말하는 것이 있습니다.

"부모가 끌고 가는 아이는 안 됩니다. 결국 아이가 욕심 있어야 끝까지 버팁니다."

아이가 맘껏 욕심을 부릴 수 있도록 부모님 욕심은 내려놓으세요. 아이에게 부릴 욕심과 기대를 내 인생에 투자해보세요. 내가 조금 더 멋진 사람이 되기 위해 공부하고, 가치를 찾아 나가는 모습을 보고 아이도 옆에서 배울 겁니다. 인생은 저렇게 즐기면서 자신을 발전시키는 거구나 하고 말이죠. 그것만큼 좋은 교육은 없습니다.

중위권에서 상위권으로 올리기 위해 조금만 더, 딱 이것만 더 하고 욕심부렸던 것들은 결국 아이에게 부담으로 쌓입니다. 그리고 사춘기와 함께 폭발하지요. 눈빛이 달라져서 모든 공부와 생활에서 손을 놓습니다. 엄마아빠만 보면 눈빛이 이글이글 타오릅니다. "엄마아빠가 나를 죽이고 있어."라며 밑도 끝도 없는 분노를 터뜨립니다. 이 말은 "나 좀 믿어줘."라고 바꿔 들으세요. 이제 힘을 빼고 아이가 혼자서 나아갈 수 있도록 뒤로 물러나야 할 때입니다.

특출한 한 분야가 관건

수능점수를 확실하게 올리는 한 가지 비법이 있다고 합니다. 바로 부모가 갑자기 아프거나 집안에 어려운 일이 생기는 거래요. 그러면 아이가 각성해서 나라도 잘해야겠다고 생각해 열심히 공부한다는 거예요. 억지로 그런 어려움을 만들 수는 없지만 그렇게 아이도 가족에 대해 책임과 사랑을 가지고 있다는 것을 잊지 마세요.

아이의 각성을 부르는 책임감은 어떻게 깨울 수 있을까요. 가장 중요한 것은 '한 걸음'입니다. 한 번 성공해본 아이들은 그 맛에 도취합니다. 특히 쭉 상위권이었던 아이보다 중위권에서 상위권으로 한 번만이라도 올라가본 경험이 있는 아이들이 더욱 크게 느끼죠. 다시는 중위권으로 떨어지고 싶지 않아 스스로 열심히 공부합니다. 그 한 번의 맛을 느끼게 하는 비법은 매우 매우 작은 성취입니다. 아무리 강조해도 지나치지 않을 아주 작은 성취 말입니다. 거기서 시작해야 합니다. 부모의 욕심을 버리라는 게 그겁니다. 70점을 맞은 아이가 71점을 맞았을 때 온 세상을 얻은 것처럼 기뻐하고 칭찬해주세요. 70점을 맞을 수도 있었잖아요. 아니 그것보다 더 낮은 점수를 맞을 수도 있었죠. 그런데 1점이 올랐습니다. 성장의 방향이 시작된 거예요. 그러니 너는 이제 나아갈 거라고 말하고 기뻐해주세요.

아이는 당황할 겁니다. 이 정도 가지고 이렇게 기뻐하다니 머쓱할 겁니다. 하지만 마음속에서는 이상하게 뿌듯한 마음이 들 거예요 이렇게 별거 아닌 거에 이렇게 기뻐한다면 조금 더 해볼까 싶은 마음이 들 거예요. 물론 이 기쁨을 한 번에 끝내서는 안 됩니다. 여러 번 여러 분야에서 작은 성취를 해냈을 때 꾸준히 같은 모습으로 기뻐해주세요. 갑자기 달라진 부모의 모습에 의아해하면 솔직히 말하면 됩니다.

"네가 태어났을 때 나는 네가 숨을 쉬고 있다는 것만으로도 너무 감사했어. 눈을 깜빡거리는 것도 신기했지. 그 마음을 내가 한동안 잊었던 거 같아. 사실 마음속으로는 네가 이렇게 해내는 모든 것이 대견했는데 표현 못 한 거야. 그런데 이제부터 표현해볼 거야. 너는 이미 너무나 놀라운 존재잖아."

아이는 어색해하면서도 그 반응을 즐길 겁니다. 아이가 부모에게 가장 듣고 싶은 말은 "너 그대로도 충분해. 잘하고 있어."라는 인정이니까요. 사춘기가 되면 그 인정의 말 한 마디가 무척 소중합니다. 내가 나를 의심하고 나의 가능성을 궁금해할 때 부모가 건네는 그 흔들리지 않는 믿음이 아이를 지켜줍니다.

한 가지 분야의 작은 것부터 시작해보세요. 아이의 존재감은 모든 분야에서 나오기 힘듭니다. 하지만 아이가 유독 잘하는 분야를 공략할 때 아이는 성장합니다. 그 한 분야의 특출함이 아이를 전반적으로 업그레이드 시켜줍니다. 필요하다면 아이가 한 분야에서 성공을 맛볼 수 있도록 1:1 지도를 받을 수 있게 해도 좋습니다. 아이의 장점과 단점을 파악하여 맞춤형지도를 받는 것이 큰 도움이 될 수 있습니다. 학교에서 시험 볼 때도 딱 한 과목에서 성취도를 높이는 것을 목표로 시작해보세요. 거기서부터 자신감이 붙기 시작하면 아이는 빠르게 성장할 것입니다.

매일 작은 것을 인정받으며 자신의 존재감을 느끼는 아이, 한 분야에서 특출하게 인정받는 아이. 아이는 스스로에게 욕심이 생기지 않을 수 없습니다.

입을 꾹 닫고 말을 안 해요

참 말이 많던 아이였습니다. 유치원에서 있었던 일을 모두 말하곤 했죠. 내가 유치원에 함께 있는 것 같은 착각에 빠질 정도로 자기가 느낀 모든 것을 나와 함께했습니다. 아이 덕분에 너무 따뜻하고 행복했습니다. 그런 아이가 달라진 것은 4학년 무렵입니다. 내가 아이 곁에 앉으면 조용히 옆으로 자리를 피했습니다. 그런 일이 차차 늘어나더니 점점 나를 피하기 시작했습니다. 내가 이 방으로 가면 저 방으로 옮겨가더군요. 아이가 이제 커서 자기 시간도 필요하겠거니 애써 위안했습니다. 여전히 엄마의 보살핌을 필요로 했지만 혼자 있는 시간을 좋아하더군요. 그 정도까지도 참을 만했습니다.

그런데 언젠가부터 아이 목소리를 듣기가 어려워졌습니다. 입을 꼭 닫고 말을 안 합니다. 너무 답답해서 학교 상담 때 선생님께 여쭤봤습니다. 아이가 조용하지만 때로는 활달하기도 하다네요. 여러 면을 동시에 보여주는 게 사춘기라며 너무 걱정 말라고 하십니다. 아이에게 벌어지는 일을 직접 들을 수 없고 누군가를 통해 살펴야한다는 게 슬픕니다. 가장 사랑하는 가족인데 왜 나에게 말을 안 하는 걸까요? 내가 아이에게 도움이 안 되고 대화도 안 통하는 부모 같아 마음이 아픕니다.

🙂🧑‍🎓 사춘기 반응

언제부터인지 엄마와 말하는 시간이 즐겁지 않아요. 이유는 잘 모르겠어요. 내가 말할 때마다 엄마가 판단하고 나의 잘못된 점을 지적하기 때문인지도 모릅니다. 아니면 내가 부족한 부분을 말할 때 한심하게 나를 바라보는 엄마의 시선이 싫은 건지도요. 사실 엄마의 태도 때문이 아닐 수도 있어요. 혼자서 내 일을 해결하고 싶어서일 수도 있어요.

언제까지 내가 어린아이는 아니잖아요. 부모님과 무슨 이야기를 어디까지 해야 할지 잘 모르겠습니다. 내가 생각하는 모든 것을 말로 표현하자니 유치하다고 생각할 수도, 내가 시시해보일 수도 있을 것 같아 망설여집니다. 부모님이지만 나는 멋진 모습으로 보이고 싶거든요. 내가 얼마나 자랐는지, 성숙한 사람인지 보여주고 싶어요. 하지만 아직은 나를 그대로 내보일 자신이 없습니다. 아직 내가 하는 생각들이 엉뚱할 때도 있거든요. 엄마 아빠가 그걸 알아채고 실망할까 봐 두렵습니다. 그런 생각할 시간 있으면 공부나 하라고 하겠죠. 하지만 나는 공부 말고도 하고 싶은게 정말 많아요. 구체적으로 어떻게 그것들을 이룰 거냐고 묻는다면 다 답을 할 수는 없지만요. 상상 속에서는 이렇게 행복한데 내가 말을 했을 때 긍정적인 답변이 오지 않아 상상을 깨트리고 싶지 않아요. 친구랑 이야기할 때도 그렇습니다. 친구가 어떻게 반응할지 눈치를 많이 보게 돼요. 내가 하고 싶은 대로 말하기도 하는데 대부분은 친구의 말을 듣습니다. 친구들이 나에게 반박하거나 무시하는 말을 하면 기분이 나쁘거든요. 그런데 부모님과 말하면 더합니다. 마치 세상의 모든 진리를 알고 있는 것처럼 나를 가르치려 하시니까요. 대답했다가 갈등만 생기느니 입을 다무는 게 낫다 싶을 때가 많습니다. 그래서 아무 말도 하지 않게 됐어요. 엄마 아빠가 내 삶을 결정하려고 간섭하지 않았으면 좋겠어요. 간섭이 싫어서 말을 하고 싶지 않으니까요.

호르몬을 따라 널뛰는 감정

인생의 주인공이 되어보겠다는 자의식이 생기면 아이는 말수가 줄어듭니다. 사춘기에 자신의 정체성에 대해서 처음으로 고민하며 불안한 마음이 생깁니다. 내가 진짜 제대로 사는 것인가에 대한 의문이 생겨요. 이때 불안한 마음이 드는 것은 아이 탓이 아닙니다. 사춘기의 뇌 발달에 그 이유가 숨어 있습니다. 이성적인 판단을 주관하는 전두엽이 가지치기를 시작해 사춘기 아이들의 의사 결정은 편도체가 담당합니다. 호르몬 분비를 통해서 다양한 생리 작용을 조절하는 편도체는 정서와 밀접한 관련이 있습니다. 여자아이는 편도체에서 에스트로겐이 분비되면서 정서를 관여합니다. 에스트로겐 수치가 높으면 기분이 좋아지고 낮으면 우울이나 불안을 겪어요. 남자아이는 편도체에서 테스토스테론이 나와 감정을 조절합니다. 이 역시 수치가 높을 때는 자신감이 높아지고 흥분합니다. 테스토스테론 수치가 낮으면 우울증이나 불안 증상이 나타날 수 있죠. 그래서 사춘기 아이들이 감정적인 혼란을 많이 겪습니다.

사춘기 아이들은 감정적입니다. 본인도 조절이 전혀 안 됩니다. 기분이 변할 때마다 원인을 모르니 더 걱정스럽죠. 이런 자신의 부족한 모습과 불안을 들킬까 봐 부모님께 입을 닫습니다. 자신이 이런 이야기를 했을 때 부모가 기꺼이 받아주고 수용해줄 거라는 믿음이 약하기 때문이에요.

사랑을 마음껏 표현하세요

호르몬이 널뛰는 상황에서 아이가 미래에 대해 불안한 마음까지 더해지면 정서는 흔들릴 수밖에 없습니다. 자기 안으로 침잠하고 다시 고민하는 악순환이 반복되는 것이죠. 또한 타인과 비교를 시작하면서 처음으로 자신의 생각이나 감정을 거르게 됩니다. 말을 했을 때 다른 사람이 나를 어떻게 생각할까 하는 두려움에 아이는 입을 닫아요. 특히 타인과 말을 했는데 가족이나 친구, 선생님이 본인에 대해서 좋지 않은 판단을 하는 경우 이런 상황은 심해집니다. 그러면서 아이들은 그 누구와도 대화하지 않으려 해요.

사춘기 아이들이 말을 하지 않고 혼자서 고민하는 이유는 이렇듯 다양합니다. 고민 없이 밝아 보이기만 하는 아이들 같지만 아닙니다. 자신을 멋지게 성장시키기 위해서 이렇게 많은 노력을 하고 있습니다. 말이 없다고 생각이 없는 것은 아니었던 거죠.

지금 아이들은 누구보다 부모에게 인정과 이해를 받고 싶습니다. 아이들과 대화를 하기 전 평소 부모님의 대화 습관을 되돌아볼 필요가 있습니다. 잘 모르겠다면 지나치게 자신의 방식을 강요하거나 답을 정해놓고 몰아붙이지는 않는지 솔직하게 자녀에게 물어보면 됩니다. 딱딱한 분위기에서 취조하듯 묻지 마시고 주말 저녁 함께 산책을 하면서 아무것도 아닌 듯 툭 질문을 던져보세요. 아이가 부드러운 분위기에서 심각하지 않게 답을 할 수 있어요. 그렇게 아이에게서 답을 찾으시고 부모님의 대화 태도를 고치면 아이가 대화하고 싶은 부모가 될 수 있습니다.

또한 아이가 답하는 것을 어려워한다면 평소 가족들이 자신의 생각을 말하는 게 자연스러운 분위기인지 한 번 돌아보세요. 감정을 표현하는 것이 부자연스럽거나 빈번하지 않은 경우 아이는 자신의 감정을 숨길 수 있습니다. 어릴 때 감정 표현을 하지 못해서 속상했던 기억이 있으시잖아요. 내 아이는 그러지 않도록 부모님이 먼저 자연스럽게 감정을 표현해보세요. 어렵다면 감정 단어들을 출력해서 매일 내가 느낀 감정이 무엇인지 하나씩 이야기 나누는 연습을 하셔도 좋습니다. 아이도 부모도 함께 감정을 표현하며 자신 안에 해결하지 못한 마음을 들여다볼 수 있을 테니까요.

오늘 아이에게 사랑한다는 말을 몇 번이나 하셨나요. 아이가 커갈 수록 부모의 사랑 표현은 줄어듭니다. 말 안 해도 알겠거니 하지만 아이는 커갈 수록 더 사랑받고 이해받고 싶습니다. 지금 아이가 말문을 닫았다면 자녀를 사랑하는 나의 마음이 아이에게 가 닿지 않은 것은 아닌지 생각해보세요. 아이의 눈을 바라보고 아무 이유 없이 사랑한다고 말해보세요. 네 모습 그대로도 너는 너무 귀하고 그런 너를 아낀다고요. 실제 그런 마음이잖아요. 더 이상 부끄러워하지 말고 내 마음속 가득해서 넘칠 것 같은 사랑을 표현하세요.

지나치지도 부족하지도 않게

아이에게 관심이 지나치거나 너무 부족했던 것이 아닌지도 살펴야 합니다. 지나친 관심은 부담스럽고 무관심은 아이를 외롭게 만듭니다. 아이가 다가와서 무언가를 표현할 때만이라도 귀를 열고 판단하지 말고 기꺼이 경청하세요. 아이 입장을 이해하려고 노력하세요. 부모가 먼저 다가가지 않아도 아이가 스스로 마음의 문을 열 수 있을 거예요. 그 대화를 통해서 아이가 가장 관심있는 것과 힘들어하는 점을 찾아낼 수 있습니다. 사춘기는 불안하고 스트레스가 많은 시기입니다. 겉으로 보이는 성장만큼 단시간에 정신적 성숙을 겪고 있기 때문에 아이가 많이 혼란스럽죠. 아이들이 스스로 제3자 입장에서 객관적으로 자기 상황을 말로 표현하는 것이 중요합니다. 그러면 감정적인 동요에서 조금 벗어나 이성적으로 판단할 수 있거든요. 그 대화의 상대가 부모님이 된다면 좋겠죠. 부모는 언제나 안전하고 믿을 수 있는 존재니까요.

아이가 말을 안 한다고 내버려두지 마세요. 말은 안 하지만 외로움은 느끼니까요. 아이와 대화를 시도하세요. 열린 마음으로 듣고 아이를 이해하겠다는 자세로 말이에요. 또 아이의 감정에 대해서 기꺼이 수용해 주세요. 아이가 느끼는 감정이 결코 이상하다고 판단하지 마시고요. 어떤 감정이든 자연스러운 거죠. 아이가 느끼고 있다면 그런 거예요. 아이의 이야기를 들으며 아이를 하나의 인격체로 충분히 존중해주세요. 그래야 아이가 말하고 싶을 것입니다. 자신을 귀하게 여기고 배려하는 사람에게는 무슨 말이라도 하고 싶잖아요.

이렇게 모든 준비가 다 되었는데도 아이가 말하기를 어려워한다면 아이가 좋아하는 주요 관심사를 공략해보세요. 아이가 유독 좋아하는 노래가 있다면 외워 부르는 거예요. 아니면 가수나 가사에 대한 이해도 좋습니다. 그런 이해와 관심을 가지고 아이와 대화를 시작하면 아이도 분명히 마음의 문을 열어줄 겁니다.

사춘기, 혼란하고 힘든 시기입니다. 누군가에게는 자신의 어려운 마음을 털어놓아야 할 텐데 그게 부모라면 얼마나 좋을까요. 나에게 가장 소중한 아이의 어려운 시기를 함께 이겨내고픈 마음이 우리 안에 늘 자리 잡고 있잖아요. 표현을 못 했을 뿐 가장 아이를 사랑하고 이해하고 싶은 것은 부모님이라는 사실을 먼저 소리내어 아이에게 표현해보세요.

모든 것이 귀찮고 시시하대요

사춘기가 되고 아이가 너무나도 게을러졌어요. 어쩜 아이가 이렇게 안 움직일 수가 있을까요? 입에 귀찮다는 말을 달고 살아요. 재미있는 거 있으면 움직이기도 하는데 입으로는 귀찮다는 말부터 나와요. 관심 없거나 재미없는 활동을 할 때는 더합니다. 무척 귀찮아하면서 뭘 하려고 하지를 않죠. 내가 알던 아이가 맞나 싶어서 빤히 쳐다본 적도 있다니까요. 주말이면 가족들이랑 함께 외출도 안 하고 집에만 있고 싶어해요. 맛있는 걸 먹으러 가는 것도 싫어 집으로 배달해서 가져다 주기를 바라죠. 아직 어리고 활기가 넘칠 시기잖아요. 열심히 배우고 익히고 할 시기에 왜 우리 아이는 시간의 소중함도 모르고 의욕도 없는지 알 수가 없습니다. 열심히 노력해도 될까 말까한 세상인데 아이가 자신만의 경쟁력을 갖출 수 있을지 정말 걱정입니다.

사춘기 반응

언젠가부터 모든 게 귀찮아지기 시작했어요. 왜 그런지 모르겠는데 정말 귀찮아요. 가족들이랑 산책가고 재미있는 이야기를 나누고 맛있는 거 먹는 게 나의 가장 큰 기쁨이었거든요. 그런데 어느 순간부터 그 기쁨이 사라졌어요. 집에서 꼼짝하기가 싫어요. 엄마는 운동을 해보라고 하는데 어림없죠. 움직이기가 이렇게 싫은데 어떻게 운동을 해요. 말도 안 되죠. 가장 좋은 건 침대에 누워 간식 먹으면서 핸드폰 하는 거예요. 틱톡만 보고 있어도 시간이 정말 잘 가요. 굳이 내가 가족들이랑 어울려서 하기 싫은 활동을 할 필요는 없잖아요. 안 그래도 이런저런 생각 하느라 머리도 아픈데 밖에 나가서 돌아다니며 쓸데없이 에너지를 써야 하나 싶어요. 학교만으로도 충분히 피곤해요. 학원도 억지로 갔으니 쉬는 시간이나 주말에는 내가 하고 싶은 대로 하고 싶어요.

엄마는 이런 나를 보면 게으르다고 잔소리만 하세요. 그 잔소리가 너무 듣기 싫어요. 엄마가 잔소리할 것 같으면 이어폰을 꽂고 음악 소리를 더 크게 해요. 어차피 엄마는 내 마음을 이해하려고도 안 하니까요. 나를 이해하지 않으려는 엄마에게 나만 양보하고 맞추는 거 하기 싫어요. 나에게도 내 인생을 내 마음대로 할 수 있는 자유가 있잖아요. 초등학교 때 엄마가 하자는 대로 군말 없이 했으면 된 거 아닌가요. 엄마가 나를 지배하고 조종하려는 것 같아 정말 마음에 안 들어요.

진심을 말 해봤자 엄마가 나를 이해할 것도 아니라서 그냥 귀찮다고 하고 더 이상 아무 말도 안 해요. 엄마도 이제 엄마대로 움직이더라고요. 다행이다 싶어요. 아무도 나를 건드리지 않았으면 좋겠어요. 하다 보니 할 말이 많지만 그 말을 다 하기도 귀찮네요. 잔소리가 사라진 세상에서 조용히 살고 싶은 마음뿐이에요.

아이는 매 시간 성장 중

사춘기 아이들이 왜 귀찮아할까요? 사춘기는 급성장기잖아요. 성장하는 과정에서 에너지를 많이 쓰기 때문이에요. 신체적 정신적인 소모가 많아지면서 쉽게 지치고 무기력해집니다. 아이의 말처럼 힘들고 지치는 거 맞아요. 아이 나름대로 많은 변화를 겪으면서 에너지를 많이 쓰거든요. 또한 자신의 사회적 입지에 대한 인식이 생기면서 자신의 위치에서 갖춰야 할 책임감에 대한 부담도 커집니다. 타인이 기대하는 자신의 역할에 대해서 혼란과 부담을 느낍니다. 즉 아이도 사회생활을 하면서 피곤한 부분이 생겨요. 그래서 그런 부분을 집에서 귀차니즘을 통해 해결하려고 합니다. 아이도 충전을 위해 혼자서 조용히 쉴 시간이 필요했던 거예요. 다만 내가 왜 이렇게 힘든지를 알지 못하니 귀찮다는 단순한 표현으로 마음을 드러낼 뿐이죠. 그러니 이때는 무엇보다 아이들이 용을 쓰고 자라고 있다는 것을 인정해야 합니다.

아이는 지금 열심히 자라고 있습니다. 에너지를 많이 쓰고 있어요. 매사 귀찮고 쉬고 싶을 수밖에 없어요. 한심하다는 말은 아이의 힘을 뺄 뿐이에요. 아이가 귀찮다는 말은 힘들다는 표현으로 바꿔 해석해주세요.

귀차니즘은 방패

체내 호르몬이 급격히 변화하면 정서적으로 불안정한 상태가 됩니다. 주변 사람과의 대화를 두려워하고 피할 수 있습니다. 귀찮다고 말하면서 자신만의 동굴에 머무는 또 다른 이유입니다. 타인과 상호작용을 잘 해낼 수 있을지 두려운 거예요. 내면으로 침잠하고 활발한 활동을 줄이는 건데 사춘기에 일어나는 일시적이고 자연스러운 현상입니다. 또한 자신을 객관적으로 바라보면서 그 불안이 증폭되기도 합니다. 내가 과연 잘할 수 있을까 두려워지는 거예요. 그 두려움이 순간적으로 귀차니즘으로 표현되는 거죠.

또한 부모나, 교사, 친구로 관계가 확대되고 자신이 그 중심에서 관계의 주체가 되면서 생기는 부담감도 있습니다. 그 사이에서 갈등을 일으키고 싶지 않은데 의사소통 능력이 부족하다 보니 오해가 생겨요. 어려움에 처하죠. 그러면서 개인적인 욕구와 타인의 기대 사이에서 힘들어할 수 있습니다. 힘들다는 표현, 어렵다는 말을 귀찮다는 한 마디로 표현하니 부모님은 알아듣기가 쉽지 않죠. 이런 여러 가지 요인으로 인해서 귀차니즘이 생긴 아이를 부모는 어떻게 도와줘야 할까요?

매번 귀찮다면서 의욕을 갖지 않는 아이에게 부모도 긍정의 피드백을 계속 주는 것이 쉽지 않습니다. 하지만 부모가 아니면 누가 아이를 도와주겠어요. 힘들어서 의욕을 잃고 헤매는 아이를 도와주려면 감정에 대한 이해가 필요합니다. 우선 아이가 귀찮다는 말을 힘들다는 표현으로 대치해서 이해하시고 아이 마음을 보듬어 주세요.

"그래, 귀찮을 수 있어. 힘들 수 있어."

해놓은 것도, 잘하는 일도 없으면서 핑계댄다고 말하기 보다 괜찮다고 말해주세요. 그 지점에서 아이와 다시 시작할 기회를 만드는 겁니다. 아이의 감정을 비난하지 않고 그대로 받아들일 때 아이도 다시 일어설 힘을 낼 수 있습니다.

또한 귀차니즘이 자기방어를 위한 수단이라면 다른 방식의 대처법도 있다는 것을 가르쳐줘야 합니다. 아이가 스트레스를 받거나 감정적으로 한 쪽으로 치우친 생각에 사로잡힐 때 이를 해결할 수 있는 방법 말이죠. 아이가 한 가지 생각에 매몰되어 자신을 힘들게 몰아붙이기 전에 아이의 생각을 멈출 수 있어야 해요. 그렇게 아이 스스로 할 수 있는 거꾸로 수 세기, 음악 듣기 등 자신만의 해결책을 함께 찾아보세요.

사춘기 아이는 자율성과 독립성이 필요합니다. 부모가 늘 아이의 의사를 존중하는 관계를 만드세요. 아이가 자기 일을 스스로 판단하고 책임지는 연습을 하는 것이 좋습니다. 자신이 자율적으로 선택하다 보면 아이의 자신감도 향상될 수 있습니다. 다만 결정할 때 섣부른 판단의 가능성을 줄이고자 부모가 조언과 도움을 아끼지 말아야겠죠. 안전한 테두리 안에서 규칙과 일정을 마련하며 성장한 아이는 편안한 정서를 형성할 수 있습니다. 자신에 대한 믿음도 생기기에 스스로 삶을 책임질 힘과 의욕을 가지게 되니까요.

아이는 자신이 멋진 사람이고 싶어해요. 그런데 그에 합당한 가치 있는 역할을 못해내니 아픕니다. 포기하고 싶은 마음이 들어서 귀찮다고 하죠. 아이 안에 잠재된 그 가능성을 읽어주세요. 할 수 있다고 너는 존재하는 것만으로 가치가 충분한 사람이라고 말해주세요. 아이에게 지금 가장 필요한 것은 자신의 가능성을 믿어주는 부모의 따뜻한 시선과 긍정적인 피드백이랍니다.

공감하고 응원해주세요

아이들은 스스로 믿을 수 있고 가치 있는 사람이길 원합니다. 아이들의 역할과 책임을 충분히 확인하고 생각할 수 있는 기회를 마련해주세요. 부모나 교사같은 가까운 어른과 대화를 나누고 안정적인 자기 모습을 인식해 목표를 설정하고 계획을 세우면 도움이 될 것입니다. 또한 아이가 흥미를 갖고 즐겁게 적극적으로 참여할 수 있는 역할을 제공해주세요. 스트레스를 해소하고 자신감과 성취감을 얻을 수 있는 긍정의 역할 말입니다. 추천하는 활동은 봉사활동입니다. 아이가 스스로 가치를 깨닫고 의욕적으로 생활할 수 있는 좋은 기회가 될 테니까요. 새로운 경험을 하는 과정에서 아이가 느끼는 감정을 수용해주세요. 아이의 말을 들으며 공감하고 북돋워주시면 아이가 스스로 감정을 인지하고 표현력을 기르는 데 도움이 됩니다. 이와 더불어 아이가 진짜 피곤한 것은 아닌지도 살펴주세요. 성장 과정에서 힘든 아이가 충분히 휴식하고 수면하는지 확인해 아이가 신체적으로도 힘들지 않도록 도와주세요.

아이가 귀찮아를 연발한다는 것은 어떤 차원에서든 힘든 부분이 있다는 뜻입니다. 감정적으로든 신체적으로든 어떤 어려움이 있는지 인식하고 아이를 비난하지 마세요. 격려해 주세요. 아이가 긍정에너지를 채워 다시 자랄 힘을 얻을 수 있을 것입니다.

절친이 없어 혼자 놀아요

사춘기에는 친구들을 제일 좋아하는 나이잖아요. 그런데 우리 아이는 친구 사귀는 게 너무 어려워서 걱정입니다. 아이가 친구랑 놀지를 않아요. 집에서는 말도 잘하고 감정 표현도 곧잘 하거든요. 친구로서 그다지 부족해 보이지 않아요. 그런데 학교나 학원에서 친구에게 말을 거는 게 힘들대요. 친구들이 왁자지껄하게 어울려서 노는 모습을 보면 거기 어떻게 껴야 할지 모르겠답니다. 친구들이 자기 주변에 와서 서성거려도 뭐라고 말을 할지 몰라서 가만히 있대요. 그냥 아무 말이나 쓸데없는 것들을 이야기 나누면서 즐거운 게 친구라고 알려주는데 아이는 그렇게 못하겠답니다. 친구에게 어떻게 말을 건네야 할지 친구의 말에 뭐라고 대답을 해야 할지 모르겠대요. 학교에서 발표를 안하거나 모둠에서 말을 안 하는 건 아닌데 개인적인 친분을 나눠야 하는 자리에서는 아이가 경직되어 버려요. 어릴 때부터 가족끼리 어울리고 또래랑 함께 노는 기회가 적어서 그런가 반성을 하게 됩니다. 친구들이랑 어울려 노는 아이 또래를 보면 자꾸 바라보게 돼요. 내 마음도 이런데 아이 마음은 오죽할까 싶습니다. 아이가 친구가 없어서 혼자 논다고 생각하면 마음이 아파요.

어릴 때는 친구가 왜 필요한지 몰랐어요. 우리 가족이 모두 내 친구가 되어주었으니까요. 가족은 서로에 대해 너무 잘 알고 맞춰주니 전혀 부족함이 없었어요. 오히려 친구가 불편하고 어려워 같이 있으면 부담스러웠죠. 자기주장이 강하고 타협도 안 되었으니까요.

사춘기에 접어들면서 문제가 생겼어요. 이제 가족과 거리를 두고 싶은데 함께 지낼 사람이 없게 된 거예요. 이제 와서 친구를 사귀려고 하니 도대체 어떻게 대해야 할지 너무 어려워요. 엄마는 아무 말이나 걸어보라고 하는데 그게 잘 안 돼요. 입이 안 떨어져요. 내가 말하면 괜히 싫어할 거 같아요. 말을 꺼냈다가 분위기를 망칠 것 같기도 하고요.

적극적으로 나에게 다가오는 친구가 있다면 굳이 밀어낼 생각은 아니거든요.

그런데 아무도 먼저 말을 걸지 않아요. 내가 다가가기에는 용기가 없습니다. 굳이 친구들이랑 어울려서 이야기해야 하나 싶은 마음도 조금은 있어요. 그래서 친구는 필요 없다고 생각하고 공부를 해보려고 하지만 그것도 잘 안 돼요. 외롭다는 생각이 들거든요. 학교에서 편하게 지낼 수 있는 친구가 있으면 좋겠어요. 그런데 막상 친구들과 어울리면 어떻게 해야 할지 어려워요. 이런 고민을 엄마에게 이야기했더니 엄마는 자기한테 말하는 것처럼 해보래요. 엄마는 익숙하잖아요. 어색하지 않으니 내 속마음을 보여줄 수 있죠. 친구에게는 그게 잘 안 돼요. 친구에게 다가가기 힘든 내 모습이 나도 답답해요. 차라리 어릴 때처럼 친구가 필요없다고 생각하면 좋을텐데 그것도 아니니까요. 나는 요즘 친구 관계가 가장 힘들어요.

첫 사회 관계 맺기, 친구

사춘기 아이들이 자아에 대해 고민하고 정체성에 대한 생각들을 키워가면서 가장 중요한 역할을 하는 것이 친구입니다. 서로 대화하고 교류하면서 안전한 공간을 마련해주고 자신의 감정을 표현하게 도와주니까요. 또래들이 좋아하는 새로운 경험을 함께 나누고 다른 사람과 상호작용하는 방법을 배우는 것도 중요한 친구의 역할이죠. 서로의 문제를 나누고 지지해주면서 문제 해결 능력도 함께 길러가는 게 또래입니다.

이렇게 중요한 친구 관계를 맺지 못하고 또래와의 건강한 관계를 형성하지 못하는 아이가 있다면 정말 고민될 겁니다. 아동기만 해도 가족이 그 역할을 충분히 해줄 수 있지만 이제는 다르니까요.

친구가 없는 아이들은 자신감이 부족하며 사회적으로 적응하기가 어렵고 행동 및 감정 조절 능력이 부족할 수 있습니다. 내 아이에게 이러한 문제가 있는 것은 아닌지 아이를 객관적으로 파악해보세요. 아이에게 또래를 불편하게 하는 어떤 모난 점이 있는지 살펴 봐주세요. 아이의 성향을 객관적으로 파악해야 그 자리에서 시작할 수 있습니다.

먼저 마음의 문을 여는 법을 알려주세요

사춘기 아이는 혼자 노는 것을 좋아하면서도 외로움을 느끼는 이유는 무엇일까요? 어쩌면 넓은 인간관계를 맺는 것을 어려워하는 아이의 성향일 수 있습니다. 사람에게 자신을 보여주는 데 오랜 시간이 걸리는 아이 말이죠. 이런 친구들은 학급에서 아이들을 오래 관찰합니다. 마음에 드는 친구를 발견하고 마음을 열 만하면 반이 바뀌게 돼요. 소통의 문제일 수도 있습니다. 가족 외의 사람과 대화하는 연습이 안 되어 있어 또래와 대화하는 것이 어색할 수 있습니다. 어떤 주제로 이야기해야 할지 모르는 거죠. 또 자신의 능력과 한계를 발견하고 스트레스를 해소하는 과정에서 혼자 시간을 가지는 데 이럴 때 오히려 관계가 방해가 된다고 생각할 수 있죠. 하지만 혼자만의 시간을 보내는 것과 친구와의 관계는 상호보완적이어야 합니다. 한 가지 상황에 계속 머무르는 것은 사춘기 아이의 성장에 방해가 됩니다. 친구를 통해 배울 수 있는 것들이 많으니까요. 그렇다면 아이들이 어떻게 친구 관계를 경험하고 만들어 갈 수 있도록 도와줄 수 있을까요?

아이가 방송반이나 학생회 혹은 자신이 관심 있는 분야의 동아리나 클럽, 체육 팀 등 학교나 지역 커뮤니티에서 다양한 활동에 참여하도록 권하세요. 같은 목적을 갖고 있는 단체에 들어가 친구 관계를 경험해 관계에 대한 욕구를 가질 수 있습니다. 온라인 활동을 통해서 아이가 관심 있는 주제나 분야에 대한 채팅방이나 모임을 통해 친구를 만들 수도 있습니다. 학교에 있는 제한된 관심사의 친구들보다 쉽게 친해질 수 있다는 장점이 있죠. 아이들이 많이 사용하는 SNS에서 친구 관계를 경험하게 해보세요. 아이가 말은 어려워하지만 글로 하는 소통은 편하게 생각할 수 있습니다. 부모님과 함께 안전한 커뮤니티를 선별해서 친구를 사귀는 경험을 만들어주세요.

무엇보다 친구를 사귀기 위해서는 한 번은 용기를 내봐야 한다는 것을 아이에게 알려주세요. 어른들은 아이가 가만히 있으면 적극적으로 다가가서 소통하지만 또래 관계에서는 그렇지 않습니다. 소극적인 친구에게 다가가는 적극적인 친구를 기다리다가 너무 많은 시간을 낭비할 수 있거든요. 내가 마음에 드는 친구가 있다면 기꺼이 용기를 내어야죠. 자주 친구와 어울리는 경험을 할 수 있도록 용기를 주셔야 합니다. 아이가 친구 관계에서 많이 위축되어 있을 수 있거든요. 친구들이 본인을 싫어한다고 생각하고 지레 겁먹을 수 있습니다. 자녀에게 너는 충분히 매력 있고 좋은 친구가 될 수 있다고 알려주세요. 다양한 상황에서 친구에게 마음의 문을 열 수 있는 기회를 만들어주세요.

기질과 성향은 달라도 사춘기 아이에게는 친구 관계에 대한 욕구가 있습니다. 이제껏 가족과 문제없이 지내왔던 아이라도 사회적인 관계를 확장하고 싶은 마음이죠. 아이가 그만큼 세상 속으로 나아갈 준비를 하고 있다는 것입니다. 이 과정에서 서툴거나 자기 위주로 생각하고 행동하다 보면 친구 관계에서 어려움을 경험할 수 있습니다. 하지만 이런 경험들이 쌓여 진짜 성숙한 관계를 키울 수 있는 아이로 성장합니다. 아이가 서툴더라도 관계를 시작할 수 있도록 힘과 용기를 주세요.

사람마다 친구 관계의 넓이와 깊이는 다릅니다. 평생 몇 명의 깊이 있는 친구만으로도 만족하는 사람도 있지만 넓은 인간관계를 통해 만족하는 사람도 있어요. 아이는 깊이 있는 관계를 오래 변함없이 유지하는 스타일임을 알아주세요. 그렇기에 많이 조심스럽고 혼란스럽다고요. 이러다가 친구를 못 사귈까 봐 두려우시겠지만 이미 부모님과 이런 이야기를 나눌 정도의 친구라면 충분히 누군가의 절친이 될 수 있습니다. 아이를 북돋워주시고 기회가 될 때 용기를 낼 수 있도록 많은 상황을 제공해주세요. 아이에게 반드시 좋은 친구가 생길 겁니다.

밤새 게임만 하는 아이

아이가 게임만 시작했다 하면 정신을 못 차립니다. 아이와 매일 게임 때문에 싸웁니다. 어젯밤에도 자는 척하더니 밤새 게임을 했나 봐요. 아침에 아이 방문을 열었는데 후끈한 열기가 있더라고요. 컴퓨터를 만져보니 아니나 다를까 컴퓨터가 뜨거운 거예요. 아이는 친구들이랑 게임 아니고서는 어울릴 수가 없다고 해요. 못하게 하면 너무 불만이 많으니 학원 다녀온 다음 시간을 정해서 허락해 주고 있어요. 그런데 이건 마치 중독에 걸린 사람처럼 자제를 못 합니다. 약속 시간을 어기는 일은 다반사고 들키지만 않으면 된다는 생각이에요.

아이가 어릴 때는 정해진 시간만 했어요. 통제 가능했거든요. 이제 통제하려고 하면 어떻게든 나를 속여서 합니다. 참 어려운 노릇입니다. 핸드폰은 사용 시간을 조절할 수 있게 내가 잠궈두었는데 가끔 확인하면 어떻게 한 건지 모르겠지만 게임을 했더라고요. 찾아보면 게임 어플리케이션도 안 깔려 있고 도저히 할 시간이 안 나오거든요. 아마 이동시간에 걸어 다니면서 하거나 잠깐 짬이 나면 하는 것 같아요. 아이는 이거 아니고서는 삶의 낙이 없다고 하니 계속 막을 수만도 없죠. 그런데 약속을 정해놔도 지키질 않으니 어떻게 관리를 해야 할지 걱정입니다. 아무리 게임이 좋다고 한들 잠 안 자고 밤새 게임을 하는 건 아니지 않습니까. 한창 성장기인데 게임 때문에 아이가 정신적으로, 신체적으로 제대로 자라지 못 하는 것 같아서 걱정입니다. 중독이 심한 아이들은 학교도 안 가고 계속 방에서 게임만 한다는데 그게 아닌 걸 다행으로 여겨야 할까요.

 **사춘기 반응**

엄마는 정말 잔소리가 너무 심합니다. 그중에서도 내가 게임을 할 때면 그 증상이 더 심해집니다. 왜 그런지 모르겠어요. 게임하는 모습만 보면 화가 치미나 봐요. 나보고 중독이라 하는데 내가 볼 땐 엄마가 더 심각해요. 게임에 대해 혐오증이 있는 사람 같습니다. 게임을 왜 그렇게 나쁘게만 보는 걸까요? 엄마가 게임을 해보면 그런 생각이 안 들 텐데. 한 번도 안 해보고 부정적인 말만 하니 답답합니다. 게임도 얼마나 건전한 게 많은데요. 스포츠 게임이나 보드게임, 두뇌 발

달 게임은 엄마가 그렇게 좋아하는 두뇌가 계발되는 게임이라고요. 내가 그런 게임에서 이겼을 때 그 성취감이 얼마나 큰지 엄마는 알지 못해요. 일상에서 내가 그렇게 잘하는 게 없거든요. 게임에서는 안 그래요. 노력하는 만큼 결과로 보답받죠. 그러니 너무 재미있어요. 포기하기가 어렵습니다. 점점 더 빠져들죠.

엄마는 쓸데없이 시간을 쓰는 거라고 하지만 절대 아닙니다. 경쟁을 통해서 내가 잘할 수 있는 부분이 있다는 것을 확인해요. 그게 나에겐 정말 중요해요. 나의 존재감을 느낄 수 있게 하거든요. 또 애들은 만나면 게임 얘기밖에 안 해요. 그런데 내가 게임을 안 하면 친구들이랑 연결고리가 사라집니다.

게임을 이해하고 자연스럽게 허용하는 집도 많은데 우리 집은 안 그래요. 마치 게임을 벌레 보듯 하죠. 안 그랬으면 좋겠는데 우리 엄마는 글렀어요. 나도 게임도 전혀 이해하려고 안 하니까요. 그냥 안 하는 척하고 몰래 하는 수밖에 없죠. 설득하려고 해봤자 설득이 안 돼요. 나도 게임의 가치를 알고 같이 즐기고 응원해줄 수 있는 부모님을 만나고 싶어요.

유일하게 인정받는 곳, 게임 세상

사춘기 아이들은 게임을 구경하거나 하는 것 모두 참 좋아합니다. 사춘기 아이들의 가장 큰 관심사라고 하면 성별에 관계없이 게임이라고 할 정도예요. 특히 남자아이들은 정말 좋아합니다. 게임은 경쟁의 요소를 활용해서 아이들을 매료시키는 부분이 있어요. 아무리 노력해도 성과가 보이지 않는 공부와 다르죠. 레벨업 되는 게 보이고 중간중간 보상도 적절히 해주니 아이가 빠져들 수밖에 없습니다. 게임의 기법을 활용해서 공부해야 한다는 주장이 나올 정도입니다. 이렇듯 아이들을 유혹하는 게임인데요. 특히 사춘기 아이들이 게임에 더 취약합니다. 게임 중독이라고 부를 정도이죠.

사춘기 때 아이들이 게임에 집착하는 이유는 자신감 회복 혹은 존재감 확인 때문입니다. 사춘기에는 내가 누구고 뭘 잘하는 지에 관심이 많아지죠. 문제는 학교와 부모가 관심있는 건 공부인데, 이것은 성과가 잘 나타나지 않습니다. 재미도 없고요. 그러다 보면 재미있는 게 게임뿐이라 몰두하게 되죠. 또 단순한 재미를 넘어서 혹시 아이들 또한 현실이 너무 버거워서 그럴 수도 있어요. 만약 아이들이 현실을 잊기 위한 통로로 게임을 활용하고 있다면 그 해결방안이 게임을 못 하게 하는 것은 아닐 것입니다.

게임을 하는 여러 이유 중 하나는 사춘기의 불안한 정서를 잊기 위해서입니다. 게임에서는 현실을 잊을 수 있고 새로운 세상에서 재미와 스릴을 느낄 수 있습니다. 그만큼 사춘기의 정서는 불안정한데 의지할 곳이 없다는 방증이기도 합니다. 즉각적인 보상을 통해서 자신의 존재감을 찾을 수 있고 위로를 받기도 합니다. 여러 명이 함께 하는 온라인 게임을 통해서 사회적으로 연결되어 있다는 기분을 느끼게 해줍니다.

게임 안에서는 고립되고 외롭다는 생각을 잊을 수 있죠. 사춘기에는 좋아하는 친구가 있어도 그 친구가 멀어질까 봐 두려운 마음이 생깁니다. 하지만 인간관계와 다르게 게임은 늘 그 자리에서 아이를 반겨주죠. 게임에 참여하면 좋아하는 친구들과 어울릴 수 있죠. 아이들이 게임을 마다할 이유가 없습니다.

문제는 중독성

그래요, 즐겁게 하면서 제 할 일을 하면 괜찮습니다. 게임 중독으로 이어질 정도로 스스로 자제를 못 하고 일상생활이 망가지는 경우가 문제죠. 요즘 아이들은 용돈을 받으면 대부분 게임 아이템을 사는 데 쓴다고 해요. 시간 조절을 못하는 것을 넘어서 경제적으로도 빠져드는 것이죠. 조금 더 높은 레벨을 얻거나 힘을 갖기 위해서 게임의 아이템이 고가라도 가지고 싶어합니다. 이는 현실에서 자신의 존재에 대해 자신감이 없거나 관계에 어려움을 겪는 친구들만 겪는 현상은 아닙니다. 게임에서 보상받고 성장하며 파워를 얻는 것을 아이들 대부분이 좋아하기 때문입니다. 하지만 지나치게 게임 아이템 구입에 많은 돈을 지불하는 것은 문제가 되죠. 아이들이 종일 게임을 하는 것을 넘어서 용돈을 모두 쓰게 되는 것은 바람직하지 않습니다. 게임 지출이 경제 개념이 약한 아이들에게는 너무 과도하게 이뤄질 가능성이 많습니다. 시간뿐 아니라 재화도 게임에 쏟아붓게 되는 경우죠.

또한 게임은 한 번 하면 빠져나오기 힘든 중독성이 있습니다. 사춘기 때 하나에 몰입을 하게 되는 성향과 맞물리게 되면 게임에 과도하게 집착하게 됩니다. 게임 중독이라는 말이 괜히 하는 게 아닙니다. 일상생활이 망가질 정도로 종일 게임 생각만 하게 된다면 아이는 현실감각을 잃게 되죠.

한창 성장기에 있는 아이들의 건강에도 문제가 생깁니다. 스크린 타임이 증가하면서 안구 건조, 체중 증가, 운동 부족의 문제를 일으킬 수 있습니다. 현실에서 직접적인 상호작용을 하지 하고 온라인 활동에만 머물다가 사회적으로 고립되기도 합니다.

게임의 부정적인 면도 문제입니다. 폭력적인 게임이나 미성년자에게 부적절한 콘텐츠를 포함한 경우도 있죠. 이런 게임을 계속 하다보면 아이들이 현실과 게임을 구분하지 못하고 거친 말과 행동을 할 수도 있습니다.

많은 문제점이 있는데도 불구하고 아이들은 게임의 좋은 면만 바라봅니다. 게임을 하지 못하게 막으면 막을수록 더욱 집착하죠. 게임을 긍정적인 방향으로 활용할 수 있도록 방법을 찾아야 합니다.

부모가 게임을 배워보세요

우선 아이들이 즐겨하는 게임에 대해서 알아야 합니다. 알아야 문제점을 파악할 수 있잖아요. 무조건 막기만 하면 아이와의 갈등을 피할 수가 없습니다. 부모님이 게임에 관심이 없더라도 공부다 생각하시고 아이의 게임 속으로 들어가셔야 합니다. 게임을 하면서 아이가 즐기는 포인트가 무엇인지, 어떤 욕구를 게임으로 채우는지 살펴보는 겁니다. 그리고 일상생활에서 아이에게 그 부분을 채워주기 위해서 노력해보세요. 사회적 관계를 맺기 위해 게임을 한다면 아이에게 친구와 놀 수 있는 시간과 기회를 마련해주세요. 성취감을 얻고 있다면 아이가 성취감을 얻을 수 있는 실제 활동들을 해보도록 권유해주세요.

게임에서 위험한 요인이 무엇인지 찾고 아이와 대화를 나누는 것도 좋습니다. 돈을 주고 아이템을 사서 화려하게 꾸미고 있는 아이라면 그 아이템의 가격과 실제 물건을 빗대어 설명해주세요. 그 아이템의 실제 가격이 아이가 원하는 이어폰이나 스마트워치와 비슷한 가격일 수 있습니다. 아이가 실제로 느낄 수 있도록 현물과 비교하는 겁니다. 그리고 그만큼 현금을 투자해서 아이템을 살 가치가 있는지 의논해보세요. 또한 게임에 폭력성이 있거나 게임을 이용해서 다른 길로 빠지지는 않는지 안전성과 건전성 여부를 체크하세요. 이건 실제 게임을 하는 상황에서만 파악할 수 있는 것이니 꼭 부모님이 직접 아이가 하는 게임에 참여해 알아보는 것을 권합니다.

아무리 좋은 게임이라도 게임 시간을 제한하는 것은 반드시 필요합니다. 게임을 하는 시간 이외에 아이의 현실 시간도 필요하니까요. 아이에게 게임 최소 시간을 먼저 정하게 하세요. 아이와도 밀당이 필요하니까요. 아이가 요즘 가장 몰두하는 게임부터 정하고 공부할 시간을 확보하더라도 일단 내버려두세요. 학교에 다녀와서는 30분 정도 게임으로 기분 전환할 수 있는 시간을 줘도 괜찮습니다. 게임 제한 시간은 아이와의 타협을 통해서 정해야 해요. 부모가 화난다고 핸드폰을 뺏거나 컴퓨터를 없애는 식의 강력한 방법만이 옳은 것이 아닙니다. 감정적이 아닌, 이성적으로 아이와 타협해야 아이도 게임을 조절할 의지를 가지게 됩니다. 서로 감정이 상한 상태에서는 합의점을 찾기가 어렵다는 것을 항상 잊지 마세요.

사춘기 아이들에게 게임에 대한 교육을 이수하게 해보세요. 게임에 대해서 장단점과 위험성을 교육받게 되면 아이들이 게임을 조금더 객관적으로 바라봅니다. 스스로 조절해야겠다는 의지를 갖게 됩니다. 사춘기 아이들에게 어떤 게임이 문제와 위험성을 가지고 있는지 파악하여 선별해서 사용할 수 있도록 교육을 해줘도 좋습니다. 또한 게임 이외에 아이들이 즐길 수 있는 다양한 놀거리가 큰 도움이 되겠죠. 사춘기 아이들이 건전하게 놀 수 있는 문화도 공간도 없잖아요, 그래서 아이들이 게임에 더 몰두하게 되죠. 각종 문화예술체육활동과 여행을 통해 아이들이 게임 이외에도 즐길 수 있는 재미있는 것이 많음을 알고 즐길 수 있도록 도와주셔야 합니다.

　　게임 때문에 정말 고민이 많습니다. 하지만 게임 또한 아이와의 소통 도구로 활용하면 좋겠습니다. 아이들이 무엇보다 즐기는 만큼 어떤 장점이 있는지 알아보세요. 게임의 장점을 채워주시는 부모님이 되어보세요. 아이와 게임으로 겪는 갈등이 한결 줄어들 거예요.

SNS에만 흥미를 가져요

부모 자극

요즘 SNS가 인기인 줄은 알았지만, 우리 아이에게도 그 여파가 미칠 줄은 몰랐습니다. 학교 친구들만 사귀어도 충분할 것 같은데 왜 굳이 온라인에서 친구를 사귀는지 모르겠어요. 펜팔 친구 차원이라고 이해하려고 해도 너무 지나치다 싶습니다.

주말이면 SNS용 사진을 찍어야 한다며 카페에 간다고 야단입니다. 제일 예쁜 때인데 보정 어플리케이션 아니면 안된다며 호들갑을 떱니다. 올리고 나면 친구들끼리 서로 댓글 놀이를 하느라 바빠요. 문제는 매번 예쁜 모습만 올리려는 겁니다. 예쁘고 근사한 사진을 올려야 해서 가야할 곳도 많습니다. 배경도 달라야 하니 한 번 갔던 카페는 가려고도 안 합니다. 옷도 매번 바꿔 입어야 하죠. 쓰는 돈도 만만치 않습니다. 아직 어린데 남에게 보이는 것에 너무 많은 지출을 하는 게 아닌가 걱정스럽습니다.

자기 자신을 그대로 보여주고 친구를 사귀어야 할 텐데 좋은 모습만 보여주고 친구가 되는 것이 과연 맞는 건가 싶어요. SNS에서 만나는 친구들 중 모르는 지역의 친구도 많은데 개인 정보는 괜찮을까 싶기도 합니다. 아이 친구처럼 꾸미고 접근하는 어른들도 많다잖아요. 사진을 보고 접근해서 성적으로 나쁜 곳까지 연결되는 경우도 있으니까요. 아이에게 이런 얘기를 해보지만 아이는 내 말을 들을 생각을 전혀 안 합니다. 이건 자기들 문화이기 때문에 즐겨야 한대요. 아이가 SNS에 사진을 찍어 올리는 것을 보면서 이래저래 걱정이 많습니다.

사춘기 반응

엄마는 진짜 이상해요. 내가 SNS 사용하는 것을 왜 이렇게 마음에 안 들어 하는 걸까요. SNS는 나의 생활에서 빠질 수 없는 부분이거든요. 그런데 자꾸 잔소리를 하니까 정말 듣기 싫어요. 내 계정을 내 마음대로 꾸미는 데 왜 그것도 못하게 하느냐 말이에요. 카페에서 사진 찍고 예쁜 사진으로 골라서 업데이트하는 게 뭐가 문제죠? 엄마도 사진 수십 장 찍어서 그중에 하나로 카카오톡 프로필을 바꾸잖아요. 그것과 같은 거예요. 엄마는 지금도 충분히 예쁜데 왜 어플리케이션을 쓰냐고 하지만 그건 아니에요. 엄마 눈에는 예뻐 보일지 모르지만 나는 지금 완전히 외모 비수기예요. 민낯으로 사진을 올릴 수준이 아니라고요. 나만 이런 게 아니에요. 친구들은 다 느낌 있는 카페에 가서 예쁜 사진을 올리는데 나 혼자 집에서 사진 찍어 올리라니 말도 안 돼잖아요. 친구들이랑 추억 삼아서 사진도 찍고 카페도 간 걸 SNS에 업로드하는 건데 그것마저 마음에 안 든다면 할말 없죠.

SNS는 사진만 올리는 공간이 아니에요. 또 요즘은 친구들이랑 인스타그램 메시지로 실시간 상황을 공유하거든요. 이걸 안 한다면 친구들 사이에 끼지도 못해요. 아는 친구들뿐 아니라 모르는 새로운 사람을 만날 수 있는 곳이에요. 전혀 다른 지역의 친구를 만나는 게 참 흥미로워요. 나에게 관심을 가져주고 멋지다고 표현해주는 친구들이 있어서 얼마나 신 나는데요. 엄마는 모를 거예요. 내 존재를 인정받고 가치를 존중받는 기분이라고요. 이렇게 즐거운 SNS를 왜 사용하지 못하게 할까요? 내 사생활이잖아요. 내 관계고요. 내가 자유롭게 사람을 만나고 관계를 이어가도록 나를 믿어주면 안 되나요? 엄마라면서 나를 간섭하고 믿지 못하는 모습이 정말 원망스러워요.

또 다른 세상 SNS

지금은 SNS 전성기입니다. SNS가 현대 사회의 필수품이 된 데는 여러 가지 이유가 있습니다. 우선 서로의 생각과 감정, 경험을 공유하고 정보나 지식을 나눌 수 있기 때문입니다. 별거 아닌 내 경험이 타인에게 도움이 되고 세간에 회자되자 더더욱 오랫동안 SNS에 머물고 싶은 생각이 커집니다. 또한 1인 1스마트폰 보급으로 쉽게 SNS를 만날 수 있는 시대가 되면서 사용 기회도 늘어났습니다. 잠깐 비는 시간을 이용해서 할 수 있는 재미있는 활동으로 SNS가 급부상하게 되었죠. SNS에서는 자신의 관심사나 취향에 맞게 정보를 개인화해서 제공합니다. 이는 한가지 관점만 보게 하는 확증편향이라는 문제를 낳기도 하지만 당장은 너무 좋습니다. 일부러 찾아보지 않아도 관심 있는 분야의 콘텐츠를 선별해서 제공하니 빠져들 수밖에 없죠. SNS는 실재하지는 않지만 관계가 연결되어 있는 느낌을 줍니다. 실시간 댓글로 소통하면서 새로운 인간관계를 확장하죠. 거기서 나오는 반응들은 실시간이기 때문에 상대가 곁에 있는 것 같은 기분을 느끼게 해줍니다. 대화를 나누면서 자신의 생각과 의견을 어려움 없이 나눌 수 있다는 것이 무엇보다 편리하죠. 이러한 장점 덕분에 SNS는 현대 생활에서 빠질 수 없는 매체가 되었어요. 그리고 아이들에게도 이 문화는 자연스럽게 전파가 되었습니다. 자신만의 특별한 공간과 커뮤니티, 대화 상대를 원하는 사춘기 아이들에게 SNS는 너무나도 매력적인 공간입니다.

SNS는 때로 공허함을 불러일으키기도 합니다. 자신의 글에 댓글이 안 달리거나 실시간 반응이 없을 때는 급격한 외로움을 느낄 수밖에 없습니다. 아이가 SNS에서 채우고자 하는 욕구를 일상의 생활 안에서 만들어 나갈 수 있도록 도와주는 게 필요합니다. 그 욕구가 채워지면 아이도 자연스럽게 미디어를 조절할 수 있습니다. 아이에게 꼭 필요한데 채워지지 않은 욕구가 무엇인지부터 찾아보세요.

안 할 수 없다면 엄격한 규칙 아래 사용

왜 부모님들은 아이가 SNS를 사용하는 것을 못마땅하게 생각하고 걱정하는 걸까요. 아이들도 하나의 문화이기 때문에 거부할 수 없는데 말이죠. 그 이유는 SNS가 너무 쉽게 개인 정보의 유출 경로가 되기 때문입니다.

아이들 SNS에 들어가 보면 자신의 개인 정보를 서슴없이 공개했습니다. 거기에 학교와 이름, 사진까지 차곡차곡 업데이트 하죠. 누군가 나쁜 마음을 먹고 개인 정보와 사진을 활용해서 아이를 힘들게 할 수 있을 정도입니다. 실제 사진을 합성해서 성적인 사이트에 배포하는 경우도 심심치 않게 생겨납니다. 그 합성한 사진을 유포하겠다고 협박하는 경우도 있죠.

아이의 글을 자신의 이야기처럼 사용하는 경우도 생길 수 있어요. 얼마든지 포장이나 가공이 가능한 부분이라서 걱정입니다. 이건 또 사이버 괴롭힘으로도 연결될 수 있잖아요. 요즘 아이들 사이에서 가장 학교폭력이 많이 일어나는 곳이 온라인이라 쉽사리 마음을 놓기가 어렵습니다.

계속해서 새로운 소식이 업로드 되고 알림이 뜨기 때문에 중독될 가능성도 있습니다. 아이들이 잠시만 핸드폰이 없어도 불안해하는 것은 자신만 새로운 소식을 모를까 봐 두려운 마음 때문입니다. 실시간으로 연결되기 때문에 조금만 답장이 늦어도 공격과 원망의 대상이 될 수 있죠. SNS의 인간관계에 집착하고 의존하느라 실제 대인관계는 신경을 덜 쓰기도 해요. SNS는 실시간으로 반응이 오고 비대면이기 때문에 조금 더 편하게 인간관계를 확장할 수 있으니까요.

아이들은 SNS에 의존하면서 현실의 괴로움을 잊고자 하고, 이는 오히려 아이들의 현실 적응력을 낮게 만들 수 있습니다. 잘보이고 싶은 마음에 약간의 거짓말을 만들어 내거나 남이 전한 소식을 확인도 하지 않고 퍼트리기도 하죠. 최신 소식에 늦지 않다는 것을 보여주기 위해서 자극적인 뉴스는 더 빠르게 퍼트립니다. 그 과정에서 정보는 부풀려지고 거짓 정보가 쉽게 생겨날 수 있습니다. 하지만 아이들은 이런 모든 문제점이 크지 않다고 생각합니다. 장점만 크게 받아들여 SNS를 사용하는 거죠. 아이들이 안전하게 SNS 안에서 활동할 수 있도록 부모가 도와줘야 합니다.

우선 개인 정보를 쉽게 공개하지 않도록 해야 합니다. SNS에 정보가 공개되는 순간, 이것은 누구나 사용할 수 있기 때문에 자신에 대한 정보 제공은 특히 조심하도록 합니다. 개인 정보를 함부로 타인과 공유하는 것도 공개하는 것과 같다는 것을 알려주세요. 개인 정보가 어떻게 사용될 수 있는지 아이와 함께 뉴스를 살펴보며, 개인 정보를 함부로 공개하지 않아야 하는 이유를 확실하게 알려주세요. 사진도 개인 정보가 될 수 있으니 업로드 할 때 조심해야 합니다. 디지털 범죄의 타깃이 될 수 있으니 얼굴 정면이나 전신 사진을 되도록 SNS에 공개하지 않도록 알려주세요.

또 SNS를 사용하면서 괴롭히는 사람이 있거나 악플을 받으면 부모님에게 바로 알리도록 일러둡니다. SNS에서 만난 사람은 비대면이기 때문에 실제 어떤 사람인지 알 수 없다는 것을 충분히 설명하면서요. 그래도 아이들은 온라인상에서 만난 사람의 말을 믿고 자신의 이야기를 할 수 있습니다. 그러니 만약 문제가 생기더라도 직접 만나는 것은 절대 안 된다는 것과 혼내지 않으니 꼭 부모님이나 선생님께 말하라고 말씀해주세요.

마지막으로 거짓 정보를 아무 생각 없이 퍼 나르지 않도록 미디어 리터러시 능력을 길러주셔야 해요. 정확한 정보인지 확인되지 않은 것을 공유하지 않도록 해야 합니다. 미디어 리터러시란 미디어를 바르게 읽고 쓰는 능력입니다. 아이들의 생활에 미디어가 많은 영향을 주고 있는 만큼 아이들에게 반드시 필요한 교육입니다.

SNS는 손쉽게 세계 누구나와 친구가 될 수 있는 시스템을 만들었습니다.

하지만 주의해서 사용해야 해요. 아이들이 무분별하게 사용했다가는 디지털 범죄에 연루되거나 개인 정보가 유출되는 피해를 볼 수 있습니다.

분별력 있게 개인 정보를 관리하고 사생활을 보호하며 적절한 시간을 사용하면서도 SNS의 장점을 받아들일 수 있는 방법에 대해서 이야기를 나눠보세요. 스스로 방법을 탐색하고 행동을 결정하는 아이는 책임 있게 SNS를 사용할 수 있는 아이로 성장할 것입니다.

학교 가기 싫대요

아이가 얼마 전부터 학교에 가기 싫어합니다. 처음에는 늦잠을 자길래 화를 냈습니다. 아침에 학교를 가야 하는데 늦게까지 게임을 하니 학교에 늦는 게 아니냐고요. 단순히 아이가 밤에 늦게 잠을 자서 학교에 안 가는 거라고 생각을 했습니다. 그런데 그런 날이 하루 이틀 늘어났어요. 이제는 아무리 화를 내도 아이가 꿈쩍도 안 합니다. 그제야 학교에 무슨 일이 있는 거냐고 물었지만, 아니랍니다. 혹시 괴롭히는 아이가 있는 건 아닌지 걱정이 되어 담임선생님과 통화를 했지만 그런 일은 없다고 하셨습니다. 다만 아이가 학기 초부터 학교에서 자주 누워있거나 의욕없이 있었다네요. 학기 초에는 아이들이 힘들기도 하고 피곤한가보다 생각하셨다고 해요. 친구랑 사귀는 데 어려움을 겪는 느린 아이라고만 생각한거죠. 하지만 점점 지각이 많아져서 면담을 했는데 딱히 괴롭히는 아이는 없다고 했답니다. 낯선 담임 선생님보다 상담선생님께 의뢰하는 게 좋을 거 같아 안 그래도 연락하려던 참이었다고 하셨어요.

상담 선생님과 통화하고 아이 심리검사를 해보았는데 깜짝 놀랐습니다. 아이 불안이 다른 친구들보다 높다는 거예요. 또 학업 스트레스가 심하다고 하셨습니다. 친구 관계도 힘들어하고요. 아이가 전반적으로 불안한데 잘 해낼 수 없으니 학교를 회피하려고 한다네요. 그동안 아무 문제 없이 잘 지내는 아이였는데 갑자기 이런 일이 생기니 너무나 당황스럽고 걱정이 되었습니다. 도대체 아이에게 그동안 무슨 일이 있었던 걸까요. 아이의 불안은 어디에서 생긴걸까요. 아이의 어려움을 눈치채지 못하고 게으른 거라고 생각했던 내가 너무 밉습니다.

사춘기 반응

언젠가부터 학교 가는 게 두려워졌어요. 친구들이랑 아무렇지 않게 지내는 게 어렵습니다. 아이들은 내가 어떤 마음인지 모르니까요. 아이들에게 내 마음속 이야기를 하면 나를 싫어하고 밀어낼 것 같습니다. 이상한 아이라고 생각할 것 같아요. 그래서 마음속 이야기를 꾹꾹 누릅니다. 아이들은 즐거워 보이는데 나만 마음이 이상해진 것 같습니다. 예전에는 나도 친구들처럼 아무 생각도 없이 학교에 다녔어요. 왜, 언제부터인지는 모르겠지만 학교가 부담스러워졌습니다. 그래서 처음에는 엎드려 있었어요. 친구들이 괜히 말을 시키지 않게 하려고요. 자꾸 엎드리다 보니 점점 더 외로워졌습니다. 이렇게 외로울 바에야 뭐하러 학교에 가나 싶더군요. 그래서 그때부터 일부러 늦게 잤습니다. 새벽까지 깨어있으면 아침에 못 일어나니까요. 핑계가 생겨서 학교를 안 갈 수 있거든요. 엄마는 이런 내 마음은 알지도 못하고 나를 깨웁니다. 하지만 나는 학교에 가기 싫으니 어떻게든 안 일어납니다. 이런 날들이 계속되었어요.

담임선생님과 부모님에게 이런 이야기를 못 하겠어요. 내 마음이 불편한 이유를 나도 모르겠으니까요. 내 마음이 왜 이런지 이유를 모르는데 어떻게 설명할 수가 있겠어요. 상담 선생님께서 심리검사를 하자고 하셔서 해봤어요. 결과는 어떤지 모르겠지만 상담 선생님의 전화를 받고 난 엄마의 얼굴이 어두워요. 나에게 안 좋은 일이라도 생긴 걸까요? 왜 내가 이렇게 된 건지 잘 모르겠어요. 불안하고 마음이 안정되지 않아요. 나에게 무슨 병이라도 생긴 걸까요. 친구들과 관계도 공부도 모든 게 다 자신 없어요. 포기하고 싶어요. 아무것도 하고 싶지 않고 이런 상황이 짜증나기만 합니다.

위험 신호, 등교 거부

사춘기 아이가 등교 거부를 하는 이유는 여러 가지가 있습니다.

내적인 원인, 친구 관계, 가족 간의 갈등, 선후배 간의 갈등, 학업 스트레스 등 아이마다 각기 다릅니다. 귀찮아서 늦잠 자고 싶어서 단순하게 한 번 결석을 하는 것부터 시작해서 아이들이 완전히 등교를 거부하는 상황까지 이유도 상태도 천차만별이죠. 부모는 도대체 아이가 무엇 때문에 학교를 가기 싫어하는지 그 이유가 궁금한데 아이는 모르겠다고 합니다. 뚜렷한 이유가 있는 경우는 그 상황을 개선하면 되지만 이렇게 정확한 이유가 없으면 어렵습니다.

사춘기 아이 마음은 정말 갈대와 같습니다. 감정이 얼마나 오르락내리락하는지 부모인데도 그 감정의 높낮이를 맞추기가 힘이 들죠. 그런데 그 감정을 실제로 겪고 있는 본인은 어떨까요. 아이는 훨씬 많이 힘이 듭니다. 왜 그런지 모르겠는데 감정이 널뛰니까요. 사춘기 아이가 누구보다 힘들다는 것을 알아주세요. 어른인 우리가 아이들을 보듬어줘야 합니다. 아이들의 흔들리는 정서를 안정적으로 보듬어주는 것이 사춘기 가정의 가장 중요한 역할입니다.

사춘기로 우울증까지도 가능

먼저 아이들이 그렇게 감정 기복이 심한 건 뇌 변화 때문입니다. 사춘기 뇌를 관장하는 감정적인 편도체의 주도로 아이는 쉽게 불안과 분노를 느낍니다. 그러면서 외부에서 들어오는 자극들을 예민하게 받아들이게 됩니다. 어릴 때는 이겨낼 수 있었던 자극들이 아이를 흔들어요. 정서적으로는 불안한데 자기 존재에 대한 인식은 커집니다. 잘하고, 멋지고 싶어요. 주위에 자신을 드러내고 싶은 욕구가 커지죠. 그럼 어떻게 될까요. 자신이 원하고 꿈꾸는 것보다 스스로 나약하고 능력 없는 존재로 여기게 됩니다. 잘하고 싶다는 욕구를 채워주지 못하니 더 불안하고 불안하기 때문에 평소보다 더 못할 수밖에 없는 그야말로 악순환이 됩니다. 특히 사춘기가 되면 다른 무엇보다도 학업에 대한 부담이 커집니다. 아이들은 학업 스트레스를 많이 받게 되죠. 처음에는 잘해보려 하지만 생각만큼 자신이 멋진 존재가 아닐 수 있다는 두려움이 결국 현실을 회피하게 만듭니다. 등교 거부를 하는 가장 큰 이유죠. 이 밖에 친구 관계에서 자신의 생각과 실제에서 차이가 생긴다면 이것 또한 등교 거부의 원인이 되기도 합니다.

사춘기 아이는 호르몬의 변화와 성장으로 인해 늘 불안해요. 그를 단단하게 채워줄 성과가 따르지 못하면 그 불안은 상승하죠. 그것이 등교 거부로 이어지게 됩니다. 아이에게 사춘기라는 시기 자체가 그만큼 스트레스가 많은 과정이에요. 특히 아이가 욕심이 많거나 완벽주의 기질이 강하다면 이러한 압박은 커질 수밖에 없습니다. 이를 적절히 풀어낼 수 없다면 모든 것을 포기하죠. 학교생활에서 손을 놓게 됩니다. 이는 무기력을 불러오고 더 많은 불안을 야기하죠. 이런 사태가 청소년기 우울증으로 이어질 수 있습니다. 방치할 경우 아이는 점점 더 아무것도 시도하지 않는 아이가 돼요. 사춘기의 우울증은 단순히 의욕이 낮은 것이 전부가 아니에요. 성장기에 아예 아무것도 시도하지 않는다는 점에서 성인보다 훨씬 안 좋은 영향을 미칩니다.

모든 청소년이 사춘기에 우울증을 겪는 것은 아닙니다. 다만 아이들이 우울증을 겪을 수 있을 만큼 힘든 시기인 점을 이해해야 해요. 뭐가 어렵다고 그러냐며 아이를 다그치는 행동은 하지 마세요. 아이는 힘들다는 것을 온몸과 마음으로 표현하고 있습니다. 부모가 그 마음을 먼저 알아주세요. 그 힘듦을 알아주지 않으면 사춘기 아이들은 충동적이기 때문에 문제가 될 수 있습니다. 아무도 내 마음을 알아주지 않는다는 생각이 들면 극단적으로 생각할 수 있어요. 자신이 사라져버리면 문제가 없을 거라는 생각도 해요. 너무 쉽게 죽음을 생각할 수도 있습니다. 아이의 등교 거부가 이렇게 심각할 수 있다는 생각을 가지고 세심하게 아이를 돌봐야 해요. 워낙 정서가 불안정한 시기니까요.

사춘기 아이의 마음을 읽는 대화란 답이 없는 대화입니다. 부모님은 대부분 답을 정해놓고 대화를 하는 경우가 많습니다. 그걸 아이들도 알고 있습니다. 그래서 아이들이 부모와의 대화가 달갑지 않은 것입니다. 어차피 정답은 정해져 있으니까요. 사춘기에는 아이들이 스스로 답을 찾아가도록 지원하고 응원해줘야 합니다. 부모가 답을 정하면 안 됩니다. 아이가 등교를 거부할 정도로 힘든 상황이 있었음을 인정하고 스스로 해결책을 만들도록 힘을 실어주세요. 아이가 스스로 부딪히며 어려움을 이겨낸다면 아이는 전과 다르게 크게 성장할 것입니다.

어려움 없이 크는 아이는 없습니다. 부모님의 생각을 강요하지 마세요. 아이의 이야기를 들어주시고 마음껏 표현하도록 해주세요. 아이가 대화하는 과정에서 자신이 힘든 이유를 스스로 찾아낼지도 모릅니다.

말보다는 마음으로

아이 마음을 이해하기 위해서는 아이 이야기를 잘 들어주세요. 부모님의 어떤 감정도 더하지 말고 아이의 감정을 있는 그대로 인정해주세요. 아이가 충분히 힘들 수 있다는 인정이 있어야 아이와 대화가 시작됩니다. 아이에게 어떻게 도와줄 수 있는지 묻고 그중에서 부모님이 할 수 있는 것을 해주세요. 부모님이 앞서서 아이 요구보다 많은 것이 아닌 아이의 요구대로 해주세요. 아이 마음이 가장 편안해지는 방법으로 도와주시면 됩니다. 학업이 주요 스트레스의 원인이라면 아이에게 맞는 공부법과 교육적 도움을 찾아줍니다. 친구 관계 때문에 힘들어한다면 친구와 잘 지낼 수 있는 다른 통로를 연결해보세요.

무엇보다 중요한 것은 이 과정에서 아이가 자신감을 갖는 것입니다. 아이의 작은 시도라도 기꺼이 응원하고 지지해주세요. 아이가 평소 너무 예민하거나 완벽주의에 가깝다면 아이에게 여유를 가질 수 있는 기회를 주세요. 그렇게 스스로 불안을 잠재울 수 있도록 도와주면 좋습니다. 그럼에도 문제가 개선되지 않는다면 전문 상담센터나 학교의 도움을 받으세요. 부디 아이를 적극적으로 도와주세요. 이건 결코 부끄러운 일이 아닙니다. 아이에게 무엇보다 시급한 일임을 받아들여 부모님이 더 애써주셔야 합니다.

등교 거부는 예방이 중요합니다. 아이가 힘들어하기 전에 부모님이 가정에서 편안하게 지낼 수 있도록 분위기를 만들어주세요. 가정은 아이들이 자라면서 느끼는 온갖 불안과 불편한 마음을 흡수하고 재해석해주는 공간입니다. 가정이 제 역할을 해줄 때 사춘기 아이는 안정된 마음으로 성장할 수 있을 것입니다.

아이가 등교 거부를 한다는 것은 단순히 무언가 어려움이 생겼다는 신호입니다. 이때 아이를 잘 살펴보세요. 그리고 아이가 불안과 무기력에서 벗어날 수 있도록 부모님이 적극적으로 도와주세요.

잠과의 전쟁

아침 8시입니다. 아직 아이는 한밤중입니다. 도대체 밤마다 뭐를 하는지 모르겠습니다. 아이를 깨우면서 휴대폰을 보니 세 시 삼십 분에 컴퓨터에 접속한 흔적이 보입니다. 분명히 두 시쯤 깨서 시계를 보고 빨리 자라고 했었는데 도대체 뭐를 하느라 그 시간에 잤는지 알 수가 없습니다. 이런 일이 한두 번이 아닙니다. 자다 보면 아이방 불이 환하게 켜 있어 몇 번이나 빨리 자라고 소리치고 핸드폰을 뺏어봤지만 소용없습니다. 핸드폰을 뺏으면 컴퓨터를 하고 컴퓨터 비밀번호를 잠그면 멍 때리기를 하죠. 어떻게 해서라도 새벽까지 깨어있습니다. 그렇게 늦게 자니 어떻게 아침에 일찍 일어나겠어요. 아이는 멍한 상태로 일어나 학교 갈 준비를 합니다. 밥 생각도 없다며 거르기 일쑤죠. 저런 상태로 가면 아이가 수업을 들을 수나 있을지 모르겠습니다. 학교에서 멍한 상태로 앉아만 있겠죠. 안 그래도 1교시에 체육이 든 날이 있다며 아이가 투덜댑니다. 아직 잠도 안 깼는데 체육활동을 어떻게 하느냐고 말이죠. 걱정이 되는건 나도 마찬가지입니다. 한참 성장기의 아이잖아요. 새벽에 자도 아침에 일어나는 시간은 같으니 잠자는 시간이 절대적으로 부족할 겁니다. 그렇다고 아이가 편안하게 낮잠을 잘 수 있는 것도 아니고요. 아이는 아무 생각도 없이 늦게 잘 생각만 하니 어찌해야 할지 모르겠습니다. 아무리 일찍 재워보려고 해도 어떻게 해서든 아이는 버티니까요. 저녁만 되면 정신이 말똥말똥 해지고 선명해지는 아이를 어떻게 해야 할지 모르겠습니다.

사춘기 반응

언제부턴가 혼자 있는 시간이 좋아졌습니다. 가족이 함께 하는 시간도 나쁘지는 않지만 혼자가 더 편합니다. 아무 간섭 없이 혼자 하고 싶은 것을 마음껏 하는 게 정말 좋습니다. 그렇게 자유로울 수가 없죠. 조용한 새벽에 나 혼자 깨어있으면 너무 편합니다. 잔소리하는 엄마, 내 물건에 집착하는 동생도, 분위기 못 맞추는 아빠도 없으니까요. 그야말로 내 세상입니다. 예전 같으면 잠이 쏟아져서 버티지를 못했을 텐데 이상하게 요즘은 새벽에 잠이 안 옵니다.

참으로 신기하죠. 저녁이 되면 컨디션이 살아나고 정신이 더 또렷해집니다. 못다한 핸드폰도 실컷 하죠. 유튜브와 웹툰 업데이트 된 것도 나를 기다리고 있거든요. 음악도 실컷 들어요. 낮에 스트레스 받았던 걸 마음대로 풀 수 있어서 정말좋아요.

엄마는 이런 내 시간을 방해하는 최고의 훼방꾼입니다. 얼마나 잠귀가 밝은줄 몰라요. 내가 간식 먹으려 덜컥거리는 소리를 낸다 싶으면 어김없이 나와요. 빨리 자라고 잔소리를 하죠. 성장기인데 안 잔다며 아침에 안 깨워준다고 으름장을 놓아요. 아침에 일어나기 힘들긴 하지만 새벽의 달콤함을 포기할 순 없죠. 나에게 처음으로 주어지는 자유시간 같아요. 나는 한동안 새벽 잠을 포기할 겁니다. 가끔 학교에서 졸긴 하지만 그 정도는 괜찮아요. 졸면 어때요. 존다고 세상이 망하는 것도 아니잖아요.

"그만 자!" 말고 "내일 피곤해"

사춘기에는 급격한 성장과 호르몬 분비의 변화가 생기면서 잠이 늘어나는 경우가 많습니다. 또 잠이 드는 시간에도 변화가 생깁니다. 잠을 관장하는 호르몬인 멜라토닌이 아동기보다 두 시간 정도 늦게 분비되기 때문에 저녁에 늦게 잠을 자는 경우가 많죠. 그러니 아침에 일어나기가 어렵습니다. 아침 일찍부터 활동을 시작하고 학교에 가야 하는 아이들은 많이 힘들어합니다.

아이가 아무리 늦게 일어나도 8시에는 일어나야 학교 갈 준비를 합니다. 청소년의 권장 수면시간이 8~10시간인 점을 감안 하면 10시나 늦어도 12시에는 자야 한다는 말인데 쉽지 않습니다. 밤 12시가 되어도 아이들은 잘 생각을 안 합니다. 아직 해야할 일이 남았거든요.

초등학교 고학년만 되어도 학원 끝나는 시간이 8시 이후가 많습니다. 하원 후 집에서 저녁 먹고 숙제만 해도 금방 12시예요. 아이들은 공부만하다 하루를 보낸 것 같은 생각에 쉽사리 잠을 못 잡니다. 놀고 싶은 생각이 듭니다. 하루 종일 받은 스트레스를 풀어야 하니까요. 모든 일과를 마치고 아이가 스마트폰을 보는 시간이 주어지면 아이는 멈추기가 힘이 듭니다. 친구들과 카톡을 주고받거나 SNS에서 소통하죠. 게임하면 한두 시간은 금세 흘러가요. 이런 식으로 늦게 자고 겨우 일어나는 생활 때문에 아이는 늘 피곤합니다. 스트레스가 쌓이고 수면의 질은 나빠지죠. 몇 시간을 자도 피로가 풀리지 않지만 그야말로 어찌할 수가 없습니다. 주말에 몰아서 잠을 자본들 생활패턴만 무너질 뿐이에요. 여간해선 피로가 풀리지도 않습니다.

아이가 한창 성장기이기에 부모의 걱정은 더욱 큽니다. 성장도, 공부도 해야 하는데 멍한 정신상태일까 봐요. 그렇게 사춘기는 잠과의 전쟁이 벌어집니다. 매일 밤마다 핸드폰 관리하고 컴퓨터 단속하느라 잠을 설친다는 부모님들도 많아요. 아이는 어떻게든 버티려고 하고 부모는 수단과 방법을 가리지 않고 재우려고 하는 이 전쟁을 어떻게 해결할 수 있을까요.

아이와 잠으로 인한 트러블을 해결하는 첫 번째는 부모 시각의 변화입니다. 아이는 어떻게든 놀고 싶어합니다. 잠을 줄여서라도 하고 싶은 게 많죠. 그걸 너무 나무라지는 마세요. 아이가 관심사가 있다는 것은 건강하다는 거예요. 아이도 하나의 인격체이니 아이의 관심사를 인정해주세요. 쓸데없는 것 하느라 잠을 안 잔다고 생각할 수도 있지만 아닙니다. 아이의 진짜 관심사가 그 속에 숨어 있을 수 있답니다. 쓸데없는 것을 하느라 잠을 안 잔다가 아니라 잠을 자야 하는데 잠이 부족할까 봐 걱정이라는 말을 해보세요.

머리가 좋아지는 꿀잠 패턴

아이에게 잠의 중요성에 대해 알려줘야겠죠. 아이는 당장 동의하지 않을 겁니다. 자신은 충분히 자고 있다고 할 거예요. 하지만 낮에 아이를 침대에 가만히 누위고 아무것도 안 하게 해보세요. 아이는 금방 잠이 들 겁니다. 아이가 피곤하다는 방증이죠. 우선 아이가 원하지도 않는데 스르륵 잠이 든다면 잠이 부족하다는 것임을 알려주세요. 아이가 금방 설득되어 잠패턴을 바꾸지는 않을지라도 자신의 몸 상태를 이해하는 데는 도움이 될 겁니다. 극단적인 방법으로 주말에 자신이 원하는 만큼 새벽까지 놀고 잠을 자게 해주세요. 아이는 어려서 회복력이 빨라 컨디션을 회복하겠죠. 하지만 완전히 좋은 컨디션은 아닐 거예요. 아이가 원하는 만큼 놀아봤다는 만족감과 더불어 밤에 숙면을 취하지 못했을 때 몸 컨디션에 대해 살펴볼 수 있는 기회입니다. 한두 번 시도해보면 아이가 느끼는 바가 있을 거예요.

아이들이 깊이 자기 위해서는 준비할 것이 몇 가지 있습니다. 우선 운동을 통해서 아이가 건강한 신체를 갖고 정상적인 수면 패턴을 찾을 수 있도록 합니다. 규칙적으로 30분 이상 운동하게 프로그램화해주세요. 자기 전에도 편안하도록 도와주면 좋습니다. 수면 전에 가벼운 목욕을 하고 스트레칭이나 요가 등을 통해 몸을 편안하게 만들어주세요.

또한 카페인이나 초콜릿, 과당이 많이 담긴 음식과 음료 섭취를 자제하게 해주세요. 아이들이 공부할 때 집중한다는 이유로 커피를 마시기도 하는데 커피가 아이의 깊은 잠을 방해한다는 것을 알려주세요. 낮에 피곤하고 졸음이 온다는 것은 신체에서 그만큼 휴식을 필요로 한다는 뜻입니다. 이를 인식하고 그럴 때 잠깐이라도 쪽잠을 통해서 피곤을 풀어주는 것도 좋아요. 카페인이 들어간 음료로 피곤한 몸을 억지로 깨우는 건 아이에게 도움이 되지 않습니다. 아이가 잠깐의 휴식을 통해서 환기시킬 수 있는 방법을 함께 연습해보세요.

일정한 시간에 잠을 자는 수면패턴도 중요합니다. 가족들이 정한 시간이 되면 모두 불을 끄고 잠자리에 드는 분위기를 만들어주세요. 아이는 먼저 자라고 하고 부모님은 새벽까지 깨어서 영화를 보거나 스마트폰을 하는 것은 좋지 않습니다. 다 같이 잠자리에 드는 분위기를 만드세요. 잠자는 침실 환경을 만드는 겁니다. 조용하고 어두운 환경과 아이에게 맞는 베개와 매트리스를 준비해주세요. 아이의 취향과 체격을 고려하면 아이가 침실 환경을 좋아하게 되죠. 잠을 즐겁게 잘 수 있도록 도와줍니다.

잠자기 전에는 스마트폰, 컴퓨터, 테블릿 사용을 제한해야 합니다. 각종 디바이스에서 나온 불빛은 숙면을 방해합니다. 스마트폰을 하다가 자는 게 습관화 된 친구들이 많죠. 부모님들도 그렇고요. 그때만이 자신이 쉴 수 있는 시간이라고 생각하지만 스마트폰을 하는 것은 결코 쉬는 활동이 아닙니다. 오히려 미디어를 보면서 뇌가 스트레스 호르몬을 분비한다고 해요. 뇌에게는 휴식이 안 되는 셈입니다. 가만히 멍하고 있는 것이 좋은 휴식입니다. 다만 아이들은 그런 방식의 휴식을 해본 적이 없어 가만히 있는 걸 낯설어하죠. 아이들이 제대로 된 명상 후 잠을 잘 수 있도록 함께 연습해보세요. 조금 자더라도 깊게 잠을 잘 수 있게 도와줄 거예요.

행복한 아이는 권하지 않아도 깊은 잠을 잡니다. 아이가 흡족한 하루를 보냈다면 더 이상 미련이 없거든요. 충분히 놀았다면 내일이 또 기대될 테니까요. 아이가 잠을 줄여서라도 채우고자 하는 것이 무엇인지 공허함을 들여다 봐줘야 합니다. 아이에게 그 마음을 채울 수 있는 절대적인 시간이 필요해요. 그 시간이 채워지면 아이는 누가 시키지 않아도 행복한 내일을 위해 꿀잠을 청한 겁니다.

학원 시간처럼 철저한 놀 시간 확보

앞서 말한 모든 조건이 마련되어도 아이는 쉽사리 일찍 자려고 하지 않을 거예요. 아이의 하루 일과를 생각해보세요. 종일 공부만 했습니다. 아이에게 만족스러운 휴식 시간이 주어졌다면 아이가 밤 잠을 줄여가며 놀려고 하지 않았을 거예요. 아이들을 무작정 스마트폰을 뺐거나 잠그기 전에 생각해보세요. 아이가 숨을 쉴 수 있는 공간과 시간을 마련해주었나요? 끝도 없이 놀려고 하기 때문에 무조건 안 된다고만 하지 않으셨나요? 아이가 스스로 시간을 가치 있게 쓰고 깊은 잠을 자게 하기 위해서는 본인의 욕구가 반영이 되어야 합니다.

아이가 놀 수 있는 시간을 확보해주세요. 학교 끝나고 난 직후가 좋겠습니다. 학원에 가기 전 친구와 놀게 하거나 스마트폰으로 음악을 듣는등 원하는 활동을 하도록 시간을 마련해주세요. 아이가 짧은 시간이지만 자기 마음대로 흡족하게 놀았다면 다음 스케줄도 즐겁게 해낼 겁니다. 아이와 부모 사이에도 밀당이 필요해요. 아이를 끌어당기기만 하면 아이는 점점 더 반항하게 되고 언젠가 둘 사이의 끈이 끊어질 수도 있습니다. 이런 일을 방지하기 위해서 아이가 원하는 것을 하나씩은 할 수 있도록 시간을 조정하는 겁니다. 아이가 잠까지 미뤄가며 놀고 싶은 마음이 덜 생길 거예요.

스마트폰에 비밀번호를 걸고 자꾸 숨겨요

아이가 사춘기가 되면서 나에게 숨기는 게 너무너무 많습니다. 어릴 때부터 나에게 비밀이라고는 없던 아이였거든요. 언제부터인지 문을 닫고 혼자 있는 시간이 많아지면서 아이에 대해서 내가 모르는 게 생기기 시작했어요. 몸의 변화에 대해서 안 보여주려고 하는 건 이해합니다. 아무리 엄마라고 해도 숨기고 싶은 마음이 클 거예요. 그 나이에는 유난히 몸의 변화가 부끄럽고 쑥스럽기도 하니까요. 그런데 친구들과 어울리는 것도 비밀입니다. 혹시 나쁜 행동을 하는 것은 아닌지 당하는 것은 아닌지 걱정 되잖아요. 그런데 뭘 하고 지내는지 알려고

만 하면 도망가니 걱정입니다. 부모에게 숨기고 친구들과만 공유하면 잘못된 길로 가게 되더라도 잡아 줄 어른이 없잖아요. 그런데 사춘기에는 비밀을 또래하고만 공유하려고 하니 혹시나 잘못된 길로 갈까 봐 신경이 쓰입니다. 부모에게 말하지 않고 혼자서 해결하면 독립적이고 멋지다고 생각하는 것 같아요. 그런데 아직 아이가 판단하기엔 어려운 상황들이 있잖아요. 내가 걱정이 많은 건지 마음이 쉽게 놓아지지 않습니다. 그런데 아이가 스마트폰 비밀번호를 걸고 있으니 내가 답답하고 너무 걱정이 됩니다. 아이 마음을 열고 아이의 이야기를 들어주고 싶은데 아이는 부모한테는 아무 말도 안 하려고 하니 어떻게 해야 좋을지 모르겠어요.

🙂🙂 사춘기 반응

사춘기에는 왜 부모에게 숨기고 싶은 마음이 생기는 걸까요? 자연스럽게 엄마 아빠에게 비밀이 생기는 것 같아요. 엄마 아빠가 너무 내 상황을 다 아는 게 싫어요. 나도 혼자서 잘 해결할 수 있거든요. 더 이상 아이도 아닌데 사사건건 간섭하고 참견하니 답답합니다. 내 마음이 이상하긴 하거든요. 나에 대해서 자신감이 폭발하다가도 어떤 날은 하나도 자신이 없어요. 이상하게 내가 나를 못 믿겠을 때가 있어요. 내 모습이 초라해 보이고 자신 없을 때도 있는데 그건 부모님께 보이기 싫어요. 그럼 영원히 부모님의 통제 아래서 살아야 할지도 모른다는 생각이 들거든요. 그건 싫으니까요. 부모님께는 자신 있는 것처럼 잘난 체를 해요. 그리고 친구들에게 이런 마음을 말하는데 친구들도 잘 몰라요. 말을 해도 답답한 건 그대로지만 뭔가 동지 의식이 생겨 편안해요. 내 부족한 모습을 보여줘도 친구들은 비웃지 않으니까요. 내가 무슨 생각을 하는지 고민이 있는지 부모님에게는 보여주고 싶지 않은데 너무 알려고 하니까 비밀번호를 만들 수밖에 없어요. 나의 생각과 생활의 자유를 얻기 위해서요. 내가 불안정하고 오락가락하긴 하지만 아무것도 못하는 건 아니거든요. 부모님이 이런 내 마음을 알까 봐 불안하기도 하고 나 혼자 해보고 싶은 마음도 있어서 모든 것을 말하지는 않을 거예요.

아이의 가장 친한 친구가 되자

　아이들은 부모에게 보이고 싶은 이상적인 모습이 있습니다. 부모가 기대하는 멋진 모습을 보여주고 싶은데 실제 내 모습은 그렇지 못하다고 느낄 때가 있습니다. 그래서 아이들이 자신의 감정을 숨기려고 하죠. 내가 어떤 생각을 하는지와 자신이 느끼는 감정에 대해서 솔직하게 부모님께 털어놓지 못합니다. 아이들에게 의견을 물으면 대답을 미루거나 모르겠다고 말하는 경우가 생기는데 이것 또한 부모님의 기대를 알고 있기 때문입니다.

　또 자신이 느끼는 감정을 부끄러워하기도 하죠. 누구나 자연스럽게 느끼는 감정이지만 자신은 그렇지 않다고 생각하거든요. 본인이 감정적으로 불안해지고 타인과 자꾸 비교하게 되면서 스스로 못난 모습이라고 생각하고 감춰버리는 겁니다. 하지만 이렇게 아이의 생각과 감정을 억압하면 내면의 스트레스와 갈등은 깊어질 수 있습니다. 본인이 어떻게 해야 할지 모르면 답을 찾을 출구도 사라지게 되니까요. 주변에 믿을 만하고 자신의 마음을 공유할 만한 상대가 있으면 다행이지만 그런 대상이 없는 경우가 많아서 헤매는 친구들도 많습니다. 인터넷 채팅창이나 SNS에서 답변을 찾기도 하죠. 그러나 온라인 공간에서 믿을 수 있는 어른을 만나기는 쉽지 않습니다.

사춘기 아이가 자신의 불안한 마음을 열어 보일 수 있는 대상이 부모였으면 좋겠습니다. 사춘기에 멀어지고 싶은 존재이지만 한없이 기대고 싶은 것도 부모니까요. 아이가 마음을 열고 대화하는 존재로 부모를 택할 때까지 아이를 윽박지르지 않고 따뜻한 시선과 열린 마음으로 기다려줘야 합니다. 아이는 지금 힘들어요. 부모가 아니면 누가 아이를 가슴 깊은 곳의 사랑을 다해서 도와줄 수 있겠어요.

아이와 눈높이를 맞추세요

무턱대고 아이에게 자신의 속마음을 이야기하라고 하면 말이 통하지 않습니다. 아이가 자신의 감정에 대한 확신이 없기도 하고요.

말했다가 괜히 안 좋은 피드백만 당한 경험이 많기 때문이죠. 아이를 독립적인 객체로 대하고 아이의 생각과 감정을 인정하는 문화가 많이 부족합니다. 쉽게 아이를 윽박지르거나 화를 내면서 통제하게 되죠. 그러면 아이는 더더욱 자신의 속내를 드러내려 하지 않습니다. 혼란스럽고 어렵기만 한 사춘기에 기댈 곳 하나 없는 존재가 되어 버리죠. 아이 말을 마음을 열고 들어주지도 않으면서 아이에게 속마음을 말해보라고 꼬치꼬치 묻는 경우도 많아요. 그러면 아이는 굉장히 불편해 합니다. 고민이 많은 사춘기 아이가 어떻게 하면 부모에게 말을 하게 만들까요.

아이의 비밀번호에 대해 고민하시기 전에 우선 나는 아이의 말을 얼마나 고정관념 없이 판단하지 않고 들어줬는지 생각해봐야 합니다. 아이가 말할 때마다 판단하고 결론을 내려 하지는 않았는지 말이죠. 부모는 아이를 사랑합니다. 쉽고 편안한 길만 걷기를 원하죠. 아이가 경험하지 못하더라도 자신이 안전한 길을 알려주려고 해요. 스스로 걷겠다는 아이와 부딪혀요. 아이의 마음을 알고 싶다면 아이를 하나의 인격체로 존중해야 대화가 가능합니다. 아이들도 알고 있어요. 자신의 의견을 진심으로 이해하고 받아들이려고 하는지를 말이죠. 그러니 아이들을 진정으로 존중하고 배려할 마음이 있을 때 대화를 시작하세요. 그래야 아이가 비밀번호를 잠그고 자신의 생각과 감정을 숨기는 일을 덜할 수 있어요.

물론 자녀가 위험한 상황에 처하지 않게 하기 위해서 가끔 스마트폰 점검은 필요합니다. 아이가 거부하더라도 안전하게 관리하기 위해서 부모가 적극성을 띠고 지도할 필요는 있습니다. 이 또한 아이가 부모에 대한 믿음을 갖고 마음을 열었을 때만 가능하다는 것을 기억하세요. 억지로 해서는 아이도 부모도 마음만 다치게 되어 있으니까요. 오히려 부모님들이 아이가 안전하게 온라인 생활을 할 수 있도록 돕는 것이 꼬치꼬치 묻는 것보다 도움이 될 수 있습니다. 안전하게 각종 보안 기능을 활용하고 적절하게 사용할 수 있도록 지도하는 것이 우선이라는 겁니다.

아이와 대화할 때 어떤 말투를 쓰시나요? 명령조의 말이나 취조하는 방식의 대화를 하고 있다면 아이가 비밀번호를 더 꽁꽁 잠글 수밖에 없습니다. 부드러운 톤과 적절한 유머를 사용하세요. 부정적으로 비판하거나 강압적으로 이야기해서는 대화가 시작되지 않습니다. 아이의 말을 경청하고 열린 마음으로 수용할 수 있는 태도를 보여보세요. 그래야 아이도 마음의 문을 열 준비를 할 테니까요. 이럴 때는 아이의 취미와 관심사부터 가볍게 시작하는 것이 좋습니다. 아이들이 하나둘 이야기를 시작하는데 그 분위기가 부드럽다면 하나씩 마음을 열어나갈 수 있을 거예요. 또한 일상적인 대화부터 시작하는 것이 좋습니다. 예, 아니오로만 대답할 수 있는 질문이 아니라 열린 답변을 할 수 있는 대화를 시작하는 거죠. 하루 일과나 학교 생활에 대해서 이야기하면서 자연스럽게 아이의 감정이나 생각을 나눌 기회를 마련해보세요. 아이가 너무 힘들어하거나 대화하기를 꺼릴 때는 잠시 멈춰도 좋습니다. 아이 마음에 뭔가 문제가 생겼다는 것을 알면 거기서 일단 멈추세요. 집요하게 알아내려고 마시고요. 아이가 말할 수 있는 여유가 생기기를 기다려야 합니다. 물론 부모가 즉각적으로 개입해야 하는 어려운 상황인지는 파악하셔야 합니다. 그런 게 아니라면 아이들이 마음의 문을 열고 상담을 의뢰할 때까지 기다려주세요.

아이가 말을 안 하고 마음을 안 연다고 하기 전에 부모인 나의 태도는 어땠는지 되돌아보세요. 아이들이 어떤 말을 하더라도 흔들리지 않는 나무처럼 그 이야기를 들어주고 그대로 반영해주고 공감해주는 부모였나요? 아이의 비밀번호를 탓하기 전에 그것부터 생각해봐야 하지 않을까요.

작은 성공을 경험하자

아이는 말을 하려고 하는데 무슨 말을 해야 할지 모르기도 합니다. 사춘기 아이들은 감정 인식 능력이 살짝 떨어질 수 있거든요. 아이들이 왜 힘든지 물어보면 잘 모르겠는데 힘들다고 말하는 경우가 많아요. 그럴 수 있습니다. 이럴 때는 아이를 윽박지르지 마시고 바보 취급 하지 마세요. 한참 자라느라 모든 기능이 완벽하지 않아서 그래요. 대신 객관적인 상황을 말하게 하고 아이의 감정을 정리할 수 있는 기회를 만들어주세요. 아이의 표정과 상황, 언어 등을 분석해서 아이에 대해 이해하는 방법을 알아두시면 아이 마음을 읽을 때 도움이 될 수 있습니다.

또 아이들이 자신에 대해서 부정적인 생각을 많이 해요. 자신 없어 하기도 하고요. 그럴 때 부모님이 아이의 가능성을 읽어주세요. 부모가 아이에 대해 가지고 있는 인식은 아이에게 굉장히 많은 영향을 줍니다. 아이들을 한심하게 보지 마시고 아이의 긍정적인 면을 찾아서 칭찬해주고 북돋워주는 부모가 되어주세요. 이렇게 하면 아이들이 긍정적인 자아개념을 갖게 되어 자신의 생각과 감정에 더욱더 주의를 기울일 수 있답니다.

또한 사춘기 아이들이 자신의 능력을 발휘할 수 있는 기회를 만들어 주는 것도 좋아요. 말로만 가능성을 인정하기 보다는 긍정적인 결과로 이어지면 아이가 자신감을 갖는데 직접적으로 도움이 되니까요. 아이들이 직접 경험을 통해서 자신을 믿을 수 있는 기회를 많이 만들어주세요. 아이들에게 이렇게 노력을 했는데도 아이가 계속해서 심각한 감정적 어려움을 겪게 된다면 전문가와 상담하는 것도 두려워하지 마세요. 이 시기 아이들은 불안정할 수 있고 그 불안정을 해결하는데 전문적 개입이 필요할 수도 있습니다. 사춘기라는 한 과정을 넘어가는 데 필요하다면 적극적으로 개입해서 아이의 어려움을 없애줘야 해요. 전문가와의 상담을 부끄러워하지 마시고 함께 배우는 기회로 삼아보세요.

아이는 자신의 생각과 감정을 말할 수 있어야 합니다. 그래야 건강한 거예요. 때로는 버릇없어 보일 정도로 자신의 주장을 펼쳐야 합니다. 그런데 자꾸 숨기고 감추려 한다는 것은 아이나 부모님에게 문제가 있다는 의미에요. 부모의 대화 방법에 문제가 있는 것은 아닌지 살피고 아이의 마음을 따뜻하게 읽어주세요. 아이가 여러 이유로 힘든 상황을 겪고 있다면 기꺼이 그것을 함께해주세요. 그러면 아이가 가끔은 시키지 않았는데도 자신의 스마트폰을 열어 엄마에게 자신의 생각을 나눠줄 수도 있지 않을까요. 자연스럽게 독립하는 과정이지만 생각마저 숨기지 않는 가족이 되도록 서로를 잘 살펴보자고요.

엄마의 관심이 너무 부담스럽대요

언제부터인가 나를 피하는 아이 때문에 고민입니다. 엄마가 무엇을 하는지 졸졸 따라다니던 아이였는데 말이죠. 자기 좀 봐달라며 내 눈길 하나하나를 소중하게 생각하던 아이인데 언제부턴지 모르게 달라졌어요. 매일 하는 말이 나한테 관심 좀 꺼달라는 겁니다. 아니 매일 함께 생활하는데 어떻게 관심을 안 가질 수가 있겠어요. 자식이라는 게 그렇게 마음을 안 쓴다고 안 써지는 게 아닌데 아이는 그걸 모르는 거겠죠. 스스로 알아서 척척 한다면 그럴 수 있을지도 모르겠어요. 그것도 아니잖아요. 매일 허술하게 일 처리를 해 뒤처리는 내 몫으로 남겨 놓으면서 그런 소리를 하니까 화가 납니다. 배고플 때는 아이처럼 나한 테 의지하고 맛있는 것 달라고 떼를 쓰죠. 알아서 할 거고 관심받기 싫으면 그런 기본적인 욕구도 본인이 알아서 채워야 하는 거 아닌가요. 왜 나에게 그런 건 의 지하면서 제 편한 것은 간섭하지 말라고 하니 아무리 자식이지만 얄밉습니다. 또 나는 마음으로 아이와 일상을 나누는 게 사랑의 방법인데 아이는 모르는 척 하고 싶어하니 상처받고 속상합니다. 사랑하는 사람 사이의 관심을 당연한 건데 왜 아이는 그걸 거부만 할까요?

사춘기 반응

엄마의 관심이 너무 부담스럽습니다. 엄마는 내 일상의 하나하나까지 속속들 이 알려고 하는 것 같아요. 나는 나 혼자서 간직하고 싶은 일들이 있어요. 부모님 이 걱정할까 봐 말하지 못하는 부분도 있고 내가 알아서 잘할 수 있으니 믿어줬 으면 싶은 부분도 있다고요. 왜 그걸 이해하지 못하고 나에게 과도한 관심을 갖 는지 정말 싫어요. 나를 못 믿어서 그러는 것 같다고요. 내가 조그만 일이라도 이 야기하면 그건 안 된다, 저렇게 해야 한다고 잔소리는 또 얼마나 많은지 몰라요. 잔소리를 듣다 보면 정말 괜히 얘기했구나 싶은 생각만 들어요. 내가 말을 안 하 게 되는 원인을 제공하고 있는 것이 엄마라는 걸 왜 모를까요. 또 엄마가 다른 사 람에게 아무렇지도 않게 내 얘기를 하는 것도 정말 싫어요. 나도 사생활이라는 게 있는데 왜 내 이야기를 여기저기 떠벌리는지 모르겠어요. 뒷담화 하는 거 같아 기분이 몹시 나쁜단 말이죠. 내가 끙끙거리다 말한 것도 너무 가볍게 다른 사람과 나누는 엄마에게 내가 무슨 얘기를 할 수 있겠어요. 아무 이야기도 안 하는 게 방법이라는 생각만 들어요. 나의 이야기를 소중하게 다루지 않고 아껴 주지 않는 엄마면서 나에게 관심 있는 척 안 했으면 좋겠어요. 차라리 그럴 시간에 아빠나 엄마 자신에게 관심을 가졌으면 좋겠어요. 나는 그냥 내버려 두라고요. 나 혼자서도 알아서 잘할 수 있으니까요.

아이와 부모의 교집합이 필요

사춘기 아이의 부모에게 가장 필요한 것이 무거운 입이라고 합니다. 아이에게 관심을 끊을 수는 없으므로 신경은 쓰되 말을 아끼라는 겁니다. 알아도 그게 참 어렵습니다. 아이에게 조금이라도 빨리 가는 법을 가르쳐 주고 싶으니까요. 조금이라도 느리게 가다가 아무도 없는 외로움을 만날까 봐 아이를 밀어붙이고 채근합니다. 그런데 이런 부모의 걱정과 사랑과는 상관없이 아이들은 부모의 모든 관심이 부담스럽습니다. 사춘기에는 그래요. 부모님의 관심이 가장 무거운 짐이고 부담입니다. 엄마가 결코 늘 잘해낼 거라고 믿고 있어서 던진 말이 아닐지라도 아이는 "잘했지?"라는 말로 듣습니다. 아이에게 건네는 한 마디, 한 마디에 무게가 실립니다. 그러니 얼마나 버겁고 도망가고 싶겠어요. 그래서 아이는 외칩니다.

"나한테 관심 좀 꺼줘."

하지만 부모는 아이가 그러면 그럴수록 마음이 안정이 안 되죠. 저러다가 나쁜 길로 빠지는 건 아닌가 하고 말이죠. 사춘기의 부모와 아이의 욕구 사이에서 접점을 찾기가 이렇게 힘이 드네요.

아이가 잘되길 바라는 부모의 욕심이 아이를 가로막습니다. 아이는 스스로 길을 선택해서 여기저기 가보고 싶습니다. 넘어져도 보고 부딪히며 상처도 입어봐야 합니다. 언제까지나 부모 품에서 상처 없이 자랄 수만은 없습니다. 자유를 향한 아이의 기지개가 처음 펼쳐지는 때가 사춘기입니다. 사춘기에 아이가 반항적인 태도로 부모의 관심을 거절한다면 아이가 잘 자라고 있다는 뜻입니다. 자아를 키워낼 준비가 되어 있다는 뜻이니까요. 부모님은 상처받지 마시고 아이의 날갯짓을 응원해주세요. 평생 내 곁에만 둘 수 없는 아이라면 멋지게 날아오를 수 있게 연습해야죠.

아이를 인격체로 존중

사춘기 아이들은 자신만의 주관을 갖고자 합니다. 그 주관이 한쪽으로 치우친 것이든 다양한 관점을 수용하지 못한 것이든 관계없이 옳다고 생각합니다. 부모님과 다른 내 생각을 가졌다는 것만으로도 아주 어깨가 으쓱합니다. 그런데 이런 아이의 마음을 이해하지 못

하고 부모는 아이의 세상으로 파고듭니다. 아이의 관심사를 묻고 고민을 파헤칩니다. 어떻게든 해결해서 문제없는 편안한 상황으로 만들어주려고 하죠. 여기서 첫 번째 걸림돌이 생깁니다. 아이는 스스로 부딪혀 아프고 싶습니다. 아파도 괜찮다고 생각하고 이겨낼 힘이 있다고 믿고 있죠. 실제로 흔들리고 좌절할지라도 자기 자신에게 기회를 주고 싶어합니다. 하지만 옆에서 지켜보는 부모는 자꾸 간섭하며 쉽고 빠른 결정을 대신 내려주려 하죠. 그러면 아이는 답답해집니다. 부모님이 아셔야 할 것은 아픔 없이 크는 것이 절대 좋지 않다는 것입니다. 아픔을 겪어야 단단하게 자라죠. 아이가 스스로 어려움을 선택하더라도 묵묵히 믿고 기다려줄 수 있어야 해요. 아이는 반드시 그 어려움에서 배울 것입니다. 그런 탄탄한 배움을 갖고 성장하는 아이가 커서도 제대로 독립하고 흔들리지 않을 수 있으니까요. 사춘기에는 마음껏 흔들리도록 도와주세요. 아픈 만큼 성숙할 것입니다.

또한 아픔을 도와주는 방법도 고민해야 합니다. 우선 사춘기 아이들이 감정적으로 민감한 것을 인정해야 합니다. 아이를 이해하려는 노력은 하지 않고 상황을 정의해버리면 아이는 그 과정에서 상처받습니다. 그러면서 감정적으로 폭발해버리죠. 부모도 아이도 함께 상처받는 대처 방법입니다. 이런 일이 반복되면 아이는 부모에게 아무런 말도 하지 않으려고 하겠죠. 그냥 관심 꺼달라고 하는 게 아닙니다. 어쩌면 아이는 이제껏 부모의 개입으로 이미 여러 번 상처를 경험했을지도 모릅니다. 그래서 싫다고 거부하는 거예요. 혹시라도 아이가 지나치게 부모의 관심에 반항한다면 이제까지 부모의 태도를 되돌아볼 필요가 있습니다. 혹시라도 잘못된 패턴이 반복되었다면 아이와 대화를 나누시고 사과하셔야 합니다. 그리고 다시는 그런 방식으로 관여하지 않도록 조심하셔야 해요. 아이는 상처받은 과거를 잊지 않으니까요. 다시 상처 주는 일은 막아야겠죠.

아이들이 혼자서 해결하려 한다면 일단은 믿고 기다려주세요. 아이를 믿는다는 신호를 계속 주면서요. 아이가 어떻게든 혼자서 해결하려 하는 그 의지가 기특하잖아요. 신상에 커다란 위협을 가하는 일이 아니라면 아이가 혼자 해결하고 넘어가는 것도 나쁘지 않습니다. 더 깊이 파고들지 않고 나는 너의 판단을 믿는다는 믿음을 주는 것이 아이에게 좋은 대처법이 될 것입니다. 아이의 자립심도 키우고 아이를 한 명의 인간으로 인정하는 방법이기에 서로에게 도움이 되죠.

아이는 무한한 가능성이 있어요. 그리고 부모를 사랑합니다. 반항하고 거부한다고 해서 부모님을 미워하는 게 아니에요. 부모보다 자신이 더 소중하기에 귀한 부모라도 밀어낼 수밖에 없죠. 자녀의 자유를 존중해주세요. 아이를 믿고 아이가 훨훨 날 수 있도록 부모님의 공간을 넓혀주세요. 좁은 새장에 갇힌 새는 넓은 창공을 향해 날아갈 수 없습니다. 아이를 믿고 아이의 판단을 응원해주세요. 아이가 실수하더라도 괜찮다고 다시 할 수 있다고 힘을 주세요. 이렇게 아이를 대한다면 아이가 기꺼이 다가와 자신의 마음을 나눌 겁니다. 아이가 자신의 관심사를 숨긴다면 내 좁은 공간에 아이를 가두고 있는 것은 아닌지 돌아보셔야 해요.

아이에게 삶의 주도권을

아이를 존중하는 모습을 보이면 아이도 부모에 대한 신뢰를 회복하면서 마음을 열게 됩니다. 태도를 존중해도 부모의 관여를 계속 거부한다면 아이에게 좋은 멘토가 되어줄 어른을 구하는 것도 방법입니다. 아이가 부모님의 간섭을 싫어한다는 것은 이제껏 잘못된 방식의 관심을 경험했다는 방증입니다. 이제부터라도 그 잘못을 받아들이고 아이에게 주도권을 주고 부모님은 격려만 해주세요. 어차피 아이 인생이잖아요.

지금 겪은 작은 실패와 상처들이 더 성숙한 아이를 키운다는 것을 잊지 마세요. 부정적인 마음을 표현해도 받아들여야 아이가 감정을 숨기지 않습니다. 이런 부모의 이해와 공감을 통해 그간의 부모와 자녀 모습을 바로잡을 수 있습니다.

또한 자녀의 관심사와 취미를 이해해주고 수용해주세요. 자녀의 관심사에 대해서 인정해줄 때 아이가 자신감을 갖고 삶을 만족하며 살아갈 것입니다. 자녀와 자주 대화를 하면서 아이의 마음을 알아주세요. 묻고 따지는 대화가 아니라 아이의 말을 듣고 인정하는 대화를 통해서 아이 마음의 닫힌 빗장을 조금씩 열어갈 수 있을 것입니다.

4장

사춘기는
공부 습관 잡는
최적의 타이밍

친구 따라 강남간다는데,
공부 잘하는 친구랑 어울렸으면

부모 자극

나이가 들면서 옆에 있는 사람의 중요성을 절감합니다. 좋은 사람이 곁에 있으면 많은 영향을 받으며 배우는 것이 많지요. 그래서 곁에 되도록 좋은 사람을 두려고 노력합니다. 내 아이를 보면 그 마음이 더 간절해집니다. 아이는 아직 세상을 어떻게 살아가야 하는지 몰라 주변을 많이 돌아봅니다. 친구들이 하는 대로 행동하고 친구들이 좋아하는 것을 따라해요. 그래서 늘 아이에게 말합니다.

"곁에 좋은 친구를 둬야 한다."

주변 사람이 얼마나 중요한지 아니까 강조하는 겁니다.

학생 때는 공부 잘하는 친구와 어울리는 것이 제일 좋죠. 공부를 잘 한다는 것은 많은 것을 말해줍니다. 일단 성실하단 뜻이죠. 부모님 말씀을 잘 듣고, 머리도 좋은 것이고요. 공부 잘하는 아이들 중에 걱정되는 일을 하는 아이들은 거의 없잖아요. 보면 사춘기도 무난하게 지나가고요. 욕심을 가지고 자기 목표를 향해서 나아가는 모습을 보면 정말 야무집니다. 내 아이도 저러면 얼마나 좋을까 욕심이 생기죠. 그래서 그런 친구와 친하게 지내면서 배우라하는데 아이는 말을 듣지 않습니다. 분명 자기가 보기에도 그 친구가 좋아 보일 텐데 말이죠. 선생님들과 친구들에게 인정받는 모습이 멋지잖아요.

학원에서도 그래요. 그런 친구들과 어울리면서 보고 배우라고 무리해서 레벨업을 시켰어요. 그래야 잘하는 아이들 사이에서 모범생처럼 행동하고 생각하게 될 거 아니에요. 그런데 아이는 뭐가 못마땅한지 불만이 가득합니다.

사춘기 반응

엄마가 친구 하라는 공부 잘하는 친구, 좋습니다. 그런데 공부 잘하는 아이가 나와 친구를 하고 싶어할까요? 내가 이상해서가 아닙니다. 그런 아이들은 대부분 친구에게 큰 관심이 없어요. 친구보다는 공부와 성적, 자신의 목표에 더 관심이 많죠. 쉬는 시간에도 친구와 이야기하기 보다는 책을 보거나 수업을 준비합니다. 복습과 예습, 문제를 푸느라 늘 바빠요. 그렇게 자기 생활에 푹 빠져있는 친구에게 불쑥 다가가기 쉽지 않습니다. 그리고 그런 아이가 나를 좋아할 거 같지도 않고요. 나는 소소하고 작은 것에 공감해주고 이야기할 거리가 많은 친구가 좋아요. 친구가 뭐예요. 그냥 작고 일상적인 이야기를 나눠도 좋은 게 친구잖아요. 그 친구들 앞에서면 긴장이 돼요. 나도 잘해야만 친구에게 인정받을 수 있을 거 같아 부담스럽습니다.

특히 학원에 연락해서 엄마가 레벨을 바꾼 것은 최악이었어요. 전 레벨에서 친구도 사귀고 이제 겨우 수업 분위기도 익혔단 말이에요. 그런데 급하게 레벨업을 해야 한다며 다른 반으로 옮겼어요. 선생님도 아이들도 낯설어요. 새로운 분위기에 적응하느라 힘든데 수업 내용은 너무 어려워요. 무조건 탑반에 올라가서 공부 잘하는 아이들과 어울리며 모습을 보고 배우라는데 나는 아직 준비가 안 되었어요. 오히려 그 반에 가서 기가 죽었어요. 친구도 없고, 선생님도 낯설고 수업은 어려우니 너무 힘들어요. 학원 가기 싫어요. 레벨을 바꾸는게 나를 위한 거라는데 나는 엄마의 욕심인 것 같아 굉장히 불편하고 불쾌합니다.

부모의 대리만족?

좋은 사람과 어울려야 좋은 태도를 배운다는 건 맞는 말입니다. 그래서 우리도 손절한다는 표현까지 써가며 좋은 사람만 곁에 두려 하잖아요. 부모님들이 자녀들에게 그런 욕심을 부리는 거 100% 이해합니다. 특히 아직 자아가 형성되지 않은 아이들에게는 곁에서 보고 배우는 게 다니 이왕이면 바른 친구들과 어울리면 좋죠. 그래서 공부 잘 하는 친구들과 친하게 지내라고 말합니다. 그런데 아이는 아닙니다.

친구는 취향이 맞아야 합니다. 대화가 통해야 해요. 그러니 아이의 친구를 우리가 골라줄 수 없습니다. 게다가 사춘기가 되면 탐색과 독립의 욕구가 커집니다. 그동안 만나보지 않았던 친구와도 어울리고 싶어요. 일탈도 하고 싶지요. 부모 말을 듣지 않고 내 뜻대로 친구를 사귀고 싶은 욕구도 생깁니다. 어쩌면 부모가 공부 잘 하는 친구를 권할수록 비뚤어질지 모릅니다. 공부 못하거나 개성 있는 친구와 어울릴 가능성이 높아질지도 모르죠. 부모의 이야기를 무조건 잔소리로 받아들이는 시기니까요.

아이가 공부 잘하는 친구, 모범생과 어울리면 좋겠지만 그렇지 않은 친구를 사귄다 해도 염려 마세요. 아이는 실수하고 실패하며 자신에게 맞는 친구를 찾아가는 시작점에 있는 거니까요. 아이가 본인에게 필요하다고 판단되면 스스로 찾아나설 겁니다. 그만큼 시행착오를 많이 거쳐야 아이도 사람 보는 눈이 생깁니다.

친구 따라 강남 갈 수 있을까?

한 지인의 이야기입니다. 초등학교 때부터 친했던 아이 친구와 아이는 그룹으로 많은 것을 함께 했습니다. 아이 친구는 한 눈에도 똘똘해 보였고, 그 아이 엄마도 아이 일에 적극적이었죠. 워킹맘이었던 지인은 아이 친구 엄마가 제안하는 것에 따라 무조건 함께했습니다. 그룹을 만들면 거기에 우리 아이를 끼워준다는 거에 감사하는 마음까지 가지면서 말이죠. 중학교 3학년까지 내내 수학, 영어, 과학, 논술, 피아노까지 함께 했습니다. 아이도 이 친구와 함께하는 것을 좋아했기 때문에 지인은 아이와 그의 친구 무리들을 볼 때마다 뿌듯했다고 합니다. 그런데 고등학교 원서를 쓸 때가 되자 뭔가 이상함을 느끼게 되었습니다. 지인의 아이는 자사고나 특목고를 지원하는 것도 아닌데 인근에 갈만한 학교가 없는 성적이었습니다. 그런데 함께 다니던 아이들은 전국에서 알아주는 자사고와 특목고에 합격한 것이었습니다.

"친구 따라 강남 갈 수 있을 줄 알았는데 아니었어."

지인의 말처럼 공부 잘하는 아이와 친구를 하는 것에는 함정이 있습니다. 친구들이 잘하니깐 우리 아이도 잘할 것이라는 착각을 하게 만들죠. 이것은 부모뿐 아니라 아이도 갖게 되는 오류입니다. 아이는 아직 어리다 보니 친구들이 자기 눈앞에서 한 행동만 인지합니다. 그리고 그 외 시간은 자신과 비슷할 것이라고 생각하죠. 사춘기의 특징인 자기중심적 사고 때문에 더욱 그렇습니다. 그러다 보니 아이는 친구들이 집에서 얼마나 열심히 공부하고 목표를 위해 노력하는지 인지하지 못하는 경우가 많습니다. 자신과 있을 때는 놀고 있었으니까요. 하지만 중학생만 되어도 미래에 대해 확고한 목표가 있는 아이들은 친구들과 놀고 들어오면 자신만의 루틴으로 공부를 합니다. 바로 부모님들이 아이가 보고 배웠으면 하는 모습인데, 친구들 앞에서 하지 않으니 아이는 배울 틈이 없는 셈입니다. 괜히 공부 잘하는 친구와 똑같은 학원에 가고, 같이 놀고 있으니 나도 쟤처럼 되지 않을까란 막연한 생각을 가져 공부할 기회를 놓치게 될 수 있습니다.

아이에게 바른 학습 습관 갖도록 하고 싶다면, 친구를 따라하길 바랄 것이 아니라 아이의 수준에 맞는 교육을 제공하고, 아이의 성향에 맞는 학습 플랜을 짜야 합니다. 아직 아이가 어려서 스스로 할 수 없다면 어느 정도 루틴화될 때까지 부모님이 신경을 써서 점검하고 보완하고 수정해주셔야 합니다. 물곤 그 과정은 아이와 함께 의논하면서 말이죠.

탑반이 무조건 좋은 것은 아니다

공부 잘 하는 친구와 교류하기를 바라는 것에는 그 친구의 공부 습관, 생활 습관 등을 보고 배우라는 의미가 큽니다. 그러니 학원도 가능하면 레벨이 높은 반으로 아이를 넣어 공부 잘 하는 아이들의 무리 속에 들게 하죠. 그러나 그 반에 들어갔다고 아이가 그 반 아이들과 친구가 될 수는 없습니다. 오히려 수준에 맞지 않는 수업으로 공부 시기만 놓칠 수 있습니다. 탑반에서 어려움을 호소한다면 아이의 이야기를 주의 깊게 듣고 객관적으로 정리할 필요가 있습니다. 특히 과목별로 특성과 학습 방식이 다르다는 것을 감안해서 아이의 학습 레벨을 정해야 합니다. 무리 해도 되는 과목과 그렇지 않은 과목이 있습니다.

예를 들어 영어는 무리해서 레벨업 해도 힘들기는 하지만 따라갈 수 있습니다. 영어는 언어이니, 특정 주제나 개념을 이해하는 류의 공부가 아닙니다. 또 어휘나 문법, 독해, 작문 등 다양한 영역으로 구성되어 있어 상호보완적으로 공부할 수 있습니다. 자신이 잘하는 분야에서 두각을 드러내면 다른 부분이 조금 어렵더라도 따라갑니다. 읽기, 쓰기, 듣기, 말하기 등 다양한 방법으로 접근할 수 있어 학습의 유연성도 큽니다. 그래서 조금 높은 반으로 레벨업 하더라도 충분히 만회가 가능합니다.

하지만 수학은 다릅니다. 수학은 누적이 중요한 과목입니다. 기초 개념을 이해하지 못하면 다음 단계로 넘어갈 수 없습니다. 기초적인 계산이 안 되는데 방정식을 풀 수 없습니다. 위계가 있는 과목은 기초가 중요합니다. 기본적인 개념이 확실하게 잡혀있어야 상위 레벨을 이해할 수 있습니다. 추상적 사고와 논리적 문제 해결 능력이 중요합니다. 개념을 이해하고 문제를 해결하는 능력을 키우는 데 시간이 필요합니다. 지속적인 연습을 해야 합니다. 갑자기 너무 어려운 문제 속에 놓이게 되면 되려 자신감을 잃어 포기하고 싶은 마음이 들지요. 정답이 확실하기에 정확한 개념 이해가 따르지 않으면 교정하기도 쉽지 않습니다.

이렇게 과목의 성격이 다른데 무조건 공부 잘하는 친구와 어울리게 하겠다고 학원을 선택해도 될까요? 절대 그렇지 않습니다.

사춘기에 접어들면 아이는 자신의 사회적 위치를 항상 고민하고 생각합니다. 이런 아이에게 보고 배우라며 공부 잘하는 친구와 묶으려 하면 오히려 아이의 자존감을 갉아 먹는 결과를 가져올 수 있습니다.

사춘기 전
최대한 선행을 해야 한다고?

제 친구 아이는 고등학교 공부를 선행합니다. 그 아이뿐 아니라 주위에는 온통 제 학년보다 앞서서 공부하는 아이들뿐입니다. 다들 말은 안 하지만 공부를 앞서서 시키죠. 초등학생을 대상으로 '의대준비반'이 있으니 다들 오죽할까 싶습니다. 이럴 때 나만 천하태평으로 있을 수는 없습니다. 우리 아이만 선행을 하지 않으면 너무 불안하니까요. 다들 달려나가는 데 우리 아이만 기어갈 수는 없습니다. 토끼와 거북이 경주에서 이긴 거북이 이야기는 그야말로 옛날이야기입니다. 지금은 똑똑하고 영민한 토끼는 잠도 없어서 경주에서 이깁니다. 서울대에 입학한 아이들 이야기 들어보면 개천에서 용 난다는 건 진짜 옛말입니다.

게다가 사춘기에 들어서면 아이들이 말을 듣지 않아 제대로 공부 진도가 안 나간다고합니다. 그나마 부모 말을 듣는 마지노선이 초등학생 때이니 이때 최대한 시켜야 한다고 해요. 중학교, 고등학교 가서는 사춘기에 수행평가니 내신이니 대입 준비니 늘 뿔이 잔뜩 나 있어 아이 눈치를 봐야 한다더라고요. 이런 말을 들으니 지금 선행을 할 수 있는 한 최대로 시켜두는 게 맞지 싶습니다.

아이가 선행을 못 따라가면 포기하겠는데 우리 아이는 곧잘 따라가니 시키는 맛도 있습니다. 어쩜 그렇게 똑똑한지 어려울 법한 문제도 잘 풉니다. 쭉쭉 진도를 나가는 걸 보면 자랑스러워요. 이렇게 똑똑한 내 아이가 선행을 안 하면 누가 하겠어요. 내가 부모지만 아이 보는 눈은 엄청 객관적입니다. 내 아이라서 편협하게 생각하고 하는 말이 아닙니다.

가끔 공부량이 벅차하는 것을 보면 아직 어린데 힘들겠다 안쓰럽습니다. 하지만 내 아이만 멈춰있다가 뒤처져 후회하고 싶지 않습니다. 이 똑똑한 아이에게 결코 그런 패배감을 맛보게 할 수 없습니다. 학원비도 버겁긴 하지만 그래도 부모로서 최선을 다하고 싶어요. 가능성 있는 내 아이가 하늘을 날 수 있도록 최선을 다할 겁니다.

　언젠가부터 학교 수업 시간이 시시하고 재미없어요. 초등학교 수학 개념이라고 해봤자 아주 단순하고 쉬운 것뿐이잖아요. 난 지금 학원에서 중학교 과정도 끝냈거든요. 그런데 고작 이게 어렵다고 헤매는 친구들을 보면 좀 한심합니다. 영어 시간도 마찬가지예요. 난 워낙 어려서부터 영어 학원을 다녔거든요. 학교에서 하는 건 내가 언제 배웠던 것인지 기억도 안 나요. 지금은 수능 대비 문법을 공부하고 있어요. 토플도 준비하고요. 문법을 설명하는 단어가 좀 어렵긴 하지만 그건 그냥 이해하지 않고 외우면 돼요. 여러 번 들어서 익숙해지면 그런가보다 싶거든요. 난 특목고를 가서 의대나 서울대에 갈 거예요.

　그런데 요즘 고민이 있습니다. 수학 학원 수업이 조금씩 답답해졌다는 거예요. 우선 진도가 너무 빨라요. 그리고 너무 많은 문제를 풀어야 해요. 한 번 가면 4시간씩 있는데 한 달이면 문제지 한 권이 끝나요. 한 학기 진도를 다 나가거든요. 심화 문제집 풀기에 접어 들면 속도가 안 나요. 분명 초등학교 과정은 따라가는 데는 문제가 없었어요. 그런데 중학교 과정에 올라가니 완전 난이도가 달라졌어요. 정신을 바짝 차리고 수업에 집중해도 잘 이해가 안 되는 게 많아요. 어떨 때는 심화 문제집만 봐도 머리가 빙빙 도는 느낌이 들기도 합니다. 하지만 여기서 포기하면 부모님이 실망하실 걸 알기에 기를 쓰고 문제를 풉니다. 부모님을 실망 시키고 싶지 않아요. 전에는 수학 문제가 잘 풀리면 기분이 좋고 재미있었는데, 이제 그런 건 다 없어졌어요. 그냥 풀어야 하니까 풀어요.

숙제가 많고 할 시간은 없어서 학교 쉬는 시간에도 숙제를 할 수밖에 없어요. 아이들은 쉬고 있는데 나만 숙제를 해야 할 때면 화가 납니다. 안 하고 싶어요. 하지만 미룰 수도 없어요. 그랬다가는 학원에서 집에 못 갈지도 모르거든요. 친구들이 가끔 와서 내가 푸는 고등학교 문제집을 보고 놀랄 때가 제일 기분 좋아요. 내가 엄청 똑똑하고 잘나가는 것 같아 자신이 자랑스럽기도 하지요. 하지만 다시 문제로 돌아오면 한숨뿐입니다. 너무 어렵습니다. 그래도 참고 해내야 합니다. 그래야 다음 진도를 나갈 수 있으니까요. 언젠가 이 공부도 끝이 있을 거라 생각하고 열심히 합니다. 부모님을 실망시키고 싶지도 않고 나의 가능성을 포기하기 싫으니까요.

선행학습이 기본?

현직에 계신 선생님이 하는 말씀을 들어보면 아이들이 수업 시간에 반짝반짝 눈을 빛내며 수업을 듣지 않는다고 해요. 이미 다 알고 있는 내용이라 재미없다는 얼굴로 앉아 있답니다. 흥미도 관심도 없대요. 그러다 가끔 아이들이 문제지를 열심히 풀고 있어서 가 보면 놀란다고 합니다. 중, 고등학교 수준의 수학 문제집을 풀거나, 대입용 영어 단어를 외우고, 자신의 수준보다 훨씬 어려운 책을 펼치고 있기 때문이에요. 그리고 이 모든 것이 학원을 통한 선행학습용 숙제라는 사실에 걱정이 된다고 합니다. 왜냐하면 교육에는 적기가 있다는 것을 선생님들은 알고 계시니까요. 저렇게 진도만 쭉쭉 빼는 게 무슨 의미가 있을까 싶다는 거죠.

각종 언론 매체에서 전문가들이 입을 모아 말합니다. 과도한 선행은 오히려 독이 된다고요. 그러나 부모로서는 다 하는 선행을 안 시킬 수 없습니다. 내 아이만 뒤처질까 봐 마음이 조급하니까요. 초등학교 1학년에 입학하면 ㄱㄴㄷ을 배우게 되어 있다고 하지만 요즘에 입학하기 전에 한글을 못 읽는 아이가 없잖아요. 어쩌면 선행은 이미 그때 시작되었는지도 모르겠습니다. 다들 글을 읽고 학교에 들어오는데 우리 아이만 'ㄱ'도 모른면 같은 출발선에서 공부를 시작한다고 할 수 없잖아요. 전문가들은 정석대로 가라고 하지만 정석대로 수업하면 시험에서 낮은 점수를 받잖아요. 그럼 그 누적된 실패감이 아이를 좌절하게 만들고 가능성을 꺾어버릴까 봐 걱정인 거죠. 시스템을 바꾸지 않고 내 아이만 바꾸라든 데 동의할 수 없을 겁니다.

선행을 하면 아무래도 아이가 수업 내용을 쉽게 알아들을 겁니다. 수업을 잘 따라가면 좋은 성적을 받을 수 있으니 좋습니다. 수학이나 과학 같은 경우는 기초 개념을 튼튼하게 다져야 하니, 더 복잡한 내용까지 반복해서 공부해두는 것이 안전해 보입니다. 우리 아이가 경쟁에서 앞서 나가고 이런 태도가 자연스러워져 늘 이기는 습관을 갖게 되면 사회에 나가서도 좋은 위치에서 행복하게 살 수 있을 테니까요.

게다가 아이도 곧잘 내용을 이해하고 받아들이니 나만 잘 도와주면 됩니다. 그러니 경제적으로 부담이 되더라도 내 아이를 위해 열심히 뒷바라지하는 거지요. 다들 선행을 기본으로 하는데 뭐가 문제인지 알 수 없습니다. 그러다 보니 이제는 많은 아이들에게 선행학습이 기본이 되어버렸습니다.

하지만 과연 아이가 이 모든 것을 이해하며 따라오는 걸까요? 친구들과 놀 새도 없이 쌓인 문제집 속에서 우리 아이는 행복할까요?

뇌는 적기 발달을 합니다

우리의 뇌는 적기 발달을 합니다. 적기 발달이라 함은 아이가 이가 빠질 때가 되면 이가 빠지는 것처럼 때가 되어야 뇌가 다음 단계로 발달하는 것입니다. 아이들이 8살에 입학을 하는 것도 적기 발달이 이유입니다. 이 나이가 되어야 단체생활을 하고 규칙을 지킬 수 있는 발달 단계가 됩니다. 9살이 되면 8살에 이해하지 못하던 것들을 이해하고 받아들일 수 있습니다. 아이가 크는 것에는 다 때가 있다는 말은 아이들의 발달 단계에 있어 그냥 지나칠 수 없는 말입니다.

그런데 선행학습은 어떤가요. 이런 적기 교육을 깨트립니다. 모국어가 익숙해지지 않은 때부터 영어에 노출시킵니다. 한국어 뜻도 모르는 채 영어단어를 외우고 받아들입니다. 한국 말밖에 하지 못하는 아이들이 영어유치원에 가면서 영어만 사용해야 합니다. 그때 받은 스트레스로 영어에 대한 부정적인 감정을 가지는 친구들도 많죠. 수학도 마찬가지입니다. 아직 미적분의 과정을 이해할 수 없는 뇌 발달 상태를 지닌 초등학생에게 이 공부를 시키면 아이의 뇌는 과부화 됩니다. 우리 애는 어려워도 잘 따라가는데 무슨 말이냐고 할 수도 있습니다. 그러나 아이가 진짜 잘 따라가는 것이 맞나요? 학원에서 진도를 나간다고 해서 아이가 모두 수용하고 이해한 것이 절대 아닙니다. 시험에서 점수를 받아 다음 레벨로 간다고 모두 이해한 거라 할 수 없습니다. 아이는 문제 유형을 통으로 외워서 풀었을 수도 있습니다. 이해한 게 아니라 외운 것이죠.

물론 진짜 선행을 해도 되는 아이들이 있습니다. 뇌의 역량이 크고 수학, 영어, 국어, 과학 등 남달리 해당 과목에 두각을 나타내며 많은 것을 쉽게 받아들이는 아이들이 있지요. 소위 우리가 말하는 영재들입니다. 하지만 이런 아이라고 해도 초등학생 나이에 고등학교 혹은 대학교를 다니며 행복할 수 있을까요? "공부를 따라가는 것은 가능하지만 놀이터에서 친구들과 놀 나이에 형, 누나와 지내는 게 결코 행복하지 않았다.", "사춘기를 보내며 자신의 현실이 너무나 힘들어 공부도 포기해 버렸다." 등의 후일담을 종종 듣습니다. 나이에 맞게 공부하고 성장하며 사회생활을 해나가는 것의 소중함을 알 수 있는 이야기입니다.

우선 내 아이가 선행이 필요한 영재 이상의 아이인가 살펴보세요. 가장 쉬운 판별이 나이에 맞는 현행 교육과정 테스트 결과를 눈여겨보는 것입니다. 거기서 완벽하게 개념을 알아 부모에게도 설명할 수 있고 심화까지 모든 문제를 어려움 없이 풀어낸다면 다음 단계로 선행을 해도 되는 아이입니다. 그런데 개념 설명을 힘들어하고, 심화 문제는 풀지 못한다면 아닙니다. 지금 선행은 아이에게 구멍을 만들고 있는 것입니다. 선행이 오히려 독이 될 수 있다는 점을 기억해야 합니다.

모두 안 하면 나도 무리하지 않겠다고 생각하실 겁니다. 하지만 부모라면 모두 다 한다고 해도 내 아이에게 해가 된다면 끊어버릴 수 있는 용기를 가져야 합니다.

아이 과부화 체크

사춘기에 공부를 놓는 아이들이 특징이 뭔지 아세요? 어릴 때 영재 소리 듣고 정말 나가던 모범생이란 것입니다. 점점 선행학습을 시작하는 나이가 어려지고 있습니다. 그 이유가 아이가 사춘기에 접어들면 부모 말을 듣지 않을까 봐 미리 더 많이 시켜야 한다는 분위기 때문이죠. 꽤 많은 명문대 학생들이 대학 입학 후 휴학을 하거나 부모를 보지 않는 경우가 있다고 합니다. 대학 입학까지 자신을 위해서가 아닌 부모를 위해 열심히 공부했으니 이제 내 삶을 살겠다며 학교를 그만두는 것이죠. 혹은 부모에 대한 감정이 안 좋아 작게라도 경제적으로 독립할 수 있는 대학생이 되었으니 얼굴을 보지 않겠다고 선언하는 것입니다. 이제껏 잘 따라와서 명문대에 입학했으니 이제 행복하겠지 생각한 부모 입장에서는 날벼락입니다. 그런데 그 아이가 얼마나 오랫동안 참아왔을까를 생각하면 마음이 아픕니다.

아이들은 너무나 사랑하는 부모를 실망시키지 않기 위해 자신의 평생을 바쳐 참아낸 거잖아요. 과연 그런 마음이 부모가 바라는 것이었을까요? 절대 아닙니다. 부모는 아이가 행복하길 바랍니다. 그래서 아이의 사교육비 지출이 부담스럽지만 공부를 시키는 거죠. 그렇게 해주면 아이가 더 행복한 삶을 살 것이라고 굳게 믿으니까요. 그런데 아이가 그 과정에서 가장 사랑하는 부모를 다시는 보고 싶지 않을 만큼 힘들고 아팠다면 이건 절대 부모가 바라는 것이 아니겠지요.

아이의 뇌는 나이에 따라 발단 단계를 거칩니다. 특정 시기에 특정 능력과 개념을 수용할 수 있고 그것에 따라 만들어진 것이 지금의 교육과정입니다. 아이의 뇌가 아직 준비되지 않은 상태에서 상위 수준의 개념을 배우게 되면 이해하기 힘듭니다. 이런 피로가 누적되면 아이들은 과부화가 오고 결국 공부에서 손을 놓게 됩니다. 사춘기에 아이가 공부에 손을 놓고 부모 말을 안 듣는 때를 대비해서 선행을 시킨다는 건 말도 안 됩니다. 어린 나이의 과도한 선행은 아이의 사춘기를 더욱 우울하고 괴팍하게 만들 겁니다.

아이와 대화하며 준비하면 아무리 사춘기라도 아이는 생떼를 쓰지는 않습니다. 그러지 않기 위해서 지금 이렇게 책도 읽고 준비도 하는 것이죠. 사춘기, 아이 스스로 결정하고 조절하게 도와주면 괜찮습니다. 오히려 자신이 할 수 있다는 가능성과 정체성을 받아들이고 스스로 욕심을 부려 자신의 공부 방향을 결정하게 됩니다. 아이에게 주어진 자율성은 아이를 자신의 속도에 맞게 성장하는 아이로 만들고, 그 과정에서 자기주도로 삶의 방향을 결정할 것입니다. 고등학생 이후의 삶에서 부모가 아이의 삶을 판단할 일이 많지 않습니다. 아이 스스로 제 삶을 판단하고 결정하기 위해서 지금부터 연습해야 합니다.

사춘기에 아이가 공부에 손을 놓는 것은 자신의 발달 수준에 맞지 않는 학습을 시도하다 좌절했기 때문입니다. 스스로 생각할 힘과 결정력이 약했던 초등 시기에는 어렵고 힘들어도 참았지만 사춘기가 되어 달라진 것이죠. 이제 아이는 이유가 있어야 움직입니다. 그러니 사춘기 전에 우리가 준비해야 할 것은 아이의 선택을 지지하고 격려하는 연습입니다. 실패했을 때 괜찮다고 말해주고 긍정적으로 피드백해주세요. 그런 선택의 결과들이 모여 아이는 제 속도에 맞는 방향을 찾아나갈 것입니다.

선행은 무리하게 진행하기보다는 한 학기 정도 예습을 통해 구멍 없이 학습 개념을 익히도록 하는 게 좋습니다. 선행으로 아이가 기운을 다 빼서 사춘기에 두손 두발 다 드는 일이 없게 해야 합니다. 자녀가 관심을 가지는 분야를 함께 탐색하고 그에 맞는 활동과 자료를 제공하여 아이에게 동기를 심어주는 게 오히려 더 효과적입니다. 도서관 방문이나 박물관 견학, 자연 탐방등 체험의 기회를 많이 주며 스스로 배우고자 하는 동기를 갖게 하는 것이 몇년 치 선행보다 훨씬 효과적입니다.

우리 아이는 '엄친아'

사춘기가 뭔가요? 우리 아이는 사춘기가 시작될 나이가 되긴 했는데 특별히 다른 점을 모르겠어요. 모나게 군다거나 특별하게 다르게 행동하는 적이 없거든요. 다른 친구들은 사춘기라서 엄마 아빠에게 반항도 하고 안 하던 행동도 한다는데 우리 아이는 안 그래요. 어릴 때랑 똑같아요. 어릴 때처럼 애정 표현도 잘하고 반항적이지 않아요. 엄마 아빠에 대해 어떻게 생각하느냐니까 좋대요. 이유 없이 엄마 아빠가 싫어지고 외롭고 홀로서기 하고 싶고 그런 게 사춘기잖아요. 그런데 아이는 아직 우리가 좋고 사랑한다는 거 보니까 사춘기가 안 온 건가 싶어 다행이에요. 그러면서도 사춘기를 친구들이 겪을 때 함께 겪는 게 좋은 거라고도 하니까 우리 아이도 지금 왔으면 좋겠다 싶기도 해요. 커서 사춘기를 겪으면 부모와의 관계가 서먹해지는 아이들이 많다고 하니까요. 전문가들 말로는 서양에는 사춘기가 없대요. 아이가 자랄 때 아이를 존중해주고 인격적으로 대해주니까 아이들도 사춘기의 반항을 할 일이 없다고요. 아이와 관계가 나쁜 건 아니어서 우리 아이도 사춘기 없이 지내려나 기대해보기도 해요. 하지만 사춘기가 또 나쁜 것만은 아니잖아요. 자기 자신에 대해서 고민하고 부모로부터 독립을 준비하는 시기니까요. 너무 심하게만 겪지 않는다면 와도 괜찮을 거 같아요. 우리 아이는 너무 아동기 스타일이라 조금 더 멋진 어른이 되려면 겪어야지 않나 싶고요. 남들은 사춘기가 너무 세게 와서 스트레스라는데 별 쓸데없는 걱정을 다 한다 싶지만 남들 다 할 때 다 하는 게 자연스러운 거 아닌가 싶어서 신경쓰여요. 혹시 내가 너무 과잉보호해서 늦게 자라는 건가 괜한 걱정이 생기네요.

사춘기 반응

우리 집은 어려서부터 엄마 아빠 사이가 좋았어요. 엄마 아빠가 애정 표현도 잘하시고 서로 정말 위하시거든요. 그런 부모님을 보면서 자라선지 저도 감정 표현을 잘하게 되었어요. 엄마는 다 큰 아이가 징그럽다고 하지만 엄마를 안고 엄마와 스킨십하는 게 좋아요. 아이들은 부모님 욕하는 경우가 많은데 저는 부모님에 대한 불만도 없죠. 엄마 아빠가 가끔 화를 내시거나 혼내시기도 하지만 그건 다 저를 위한 거라 생각해요. 제가 생각해봐도 잘못한 부분이 분명히 있거든요. 너무 심하게 말씀하실 때는 저도 그건 아니라고 이야기해요. 그럼 또 잘 받아주시니까 큰 문제가 생기지 않아요. 그런데 친구들이 문제예요. 제가 엄마 아빠에게 하는 걸 보면 놀리거든요. 아기도 아닌데 어떻게 모든 것을 부모에게 말하느냐, 너는 비밀도 없느냐고 말이에요. 부모와 자녀 사이에 비밀을 만든다는 거 자체가 저는 이해가 안 되거든요. 그런 말을 하면 아이들은 저보고 아직 어린아이라면서 동생 취급을 해요. 자기들은 부모님께 그 나이에 맞는 대우를 받지 못해서 그런 거 아닌가 싶어요. 놀리는 게 기분 나쁘긴 하지만 자신들이 갖지 못해서 그럴 수 있죠.

가끔 친구들이 부모님과 대립하는 이야기를 들으면 신기하기도 해요. 어쩜 저렇게 할 수 있을까 싶습니다. 용기가 대단하다 싶습니다. 우리 집에서는 상상도 할 수 없는 일이거든요. 그러면서 궁금하기도 해요. 어떤 마음이 들면 부모님께 저렇게 할 수 있을까 하고 말이죠. 저도 조금 있으면 저런 감정을 느낄지도 모른다는 게 신기하기도 하고 걱정되기도 해요. 부모님과 거리가 멀어지는 건 원치 않거든요.

사춘기도 각양각색

사춘기는 보통 초등 고학년에서 중학생 사이에 발생합니다. 이 시기에 체내 호르몬의 변화와 함께 다양한 신체적, 정서적, 사회적 변화가 일어나죠. 그런데 모든 아이들이 동일한 시기에 같은 사춘기 경향성을 띠지는 않습니다. 개인마다 시작 시기도 다르고 나타나는 행동 양상도 달라지죠. 아이들마다 발달 속도와 시기에 차이가 있기 때문입니다. 보통 중2병이라 불리니 중학교에 들어가면 사춘기를 겪을 것으로 생각하기 쉽습니다. 그런데 그 시기가 되어도 아무런 변화가 생기지 않는 아이들도 존재합니다. 사춘기는 일정한 나이대로 보기보다는 개인의 발달 상황에 따라 양상이 다르게 나타나기 때문이죠.

사춘기 나이가 되어도 변화하지 않는 아이들은 대체로 순한 기질의 아이들이 많습니다. 변화가 일어나더라도 크게 겉으로 표시가 안 나는 경우죠. 아이의 성격이나 경험, 환경에 따라서 변화가 없는 것처럼 보이기도 합니다. 환경이 너무 어렵거나 달라지는 경우 겉으로 표현을 못 하고 참는 경우가 이에 속하죠. 또한 형제자매 중에서 너무 세게 사춘기를 겪는 사람이 있으면 자신의 변화를 숨기는 일도 있습니다. 자기마저 심하게 사춘기의 경향성을 드러내면 부모님이 너무 힘들어 한다는 생각 때문에 자신의 변화를 크게 티 내지 않는 것이죠. 부모님과 관계가 너무나 이상적이어서 아이의 사춘기가 찾아왔어도 부드럽게 서로 수용하며 지나가는 경우도 있습니다. 이렇듯 여러 가지 이유로 아이가 사춘기인 줄도 모르고 사춘기를 지나는 경우가 생깁니다.

언제나 순종적이고 말 잘 듣는 아이는 부모에게 의존적일 수 있습니다. 어떤 아이든 백 퍼센트 완벽한 아이는 없죠. 아이가 처한 환경과 성향에 따라 아이는 성장하니까요. '엄친아'도 모두 나름의 아픔을 겪으면서 성장하고 있답니다. 우리 아이와 비교하며 너무 부러워 마세요.

스스로 설 수 있도록

부모가 유머와 넓은 마음으로 아이의 사춘기를 잘 이끌고 쿠션 역할을 하고 있다면 큰 걱정이 없습니다. 다만 그게 아니라 아이가 환경이나 기질 때문에 변화를 원함에도 불구하고 그 변화를 숨기거나 꼭 누르고 있을 경우는 문제가 생길 수 있겠죠. 사춘기는 자연스러운 변화 과정인데 이를 수용하지도 발산하지도 못하고 있으니까요.

건강 검진 등을 통해서 아이의 발달 상태를 체크하고 이에 관심을 가져야 합니다. 신체적으로 2차 성징이 나타나야 하는 시기에 호르몬 이상으로 인해서 제대로 발달하지 못하는지를 우선 확인해보세요. 그 다음 마음의 변화에도 관심을 가져야 합니다. 사춘기는 생물학적 성장과 더불어 심리적, 정서적 독립을 꿈꾸는 시기입니다. 사춘기가 중2병으로 불리면서 피해야 할 것으로 인식되고 있는데 결코 그렇지 않습니다. 아이의 성장을 위해서는 건강한 사춘기가 꼭 필요합니다. 사춘기를 통해서 자신에 대한 개념을 정립하고 자신감을 기를 수 있거든요. 독립심을 기르며 부모와의 관계에서 자유롭고 주체적으로 분리하여 생각할 수 있어야 합니다.

　또 아이가 너무 순종적이고 자신의 생각을 이야기하지 못한다면 문제입니다. 부모가 너무 강압적으로 아이의 생각을 막고 있는 것은 아닌지 살펴봐야 합니다. 원래 아이의 성향이 순하고 순종적이라고 해도 그 안에서 자신의 생각을 자연스럽게 이야기할 수 있어야 합니다. 모든 것을 부모님의 주장이나 판단, 권위나 규칙에만 따르려 한다면 건강한 관계라고 볼 수 없습니다. 이럴 때는 자아실현과 독립성의 중요성을 아이에게 알려줘야 합니다. 부모님들이 건강하게 자기 표현을 할 수 있도록 자주 기회를 주는 게 좋습니다. 아이가 반항하지 않으니 내가 원하는 대로 끌고 가서 좋다고 생각하면 안 됩니다. 아이가 스스로 결정하고 판단할 수 있는 기회를 많이 주세요. 아이가 조금 더 독립적으로 자신의 인생을 판단할 수 있도록 도와줘야 해요. 작은 문제부터 부모님이 먼저 의견을 제시하지 않고 아이 스스로 판단하고 분석해 결정하는 습관을 들이도록 도와주세요. 그리고 아이가 작은 것이라도 스스로 판단을 했을 때 충분히 칭찬하고 인정해주세요. 그래야 다음에도 스스로 판단할 힘을 얻습니다.

　아이의 자율성을 얼마나 존중하시나요. 아이가 스스로 판단할 기회를 얼마나 자주 주고 계시나요? 사춘기를 겪을 정도의 아이라면 스스로 옳고 그름을 판단할 수 있습니다. 그런데 그 판단을 부모님 때문에 못 하고 있을 수 있어요. 부모님의 말을 따르지 않으면 안 될 것 같은 두려움이 아이 마음에 자리 잡지 않도록 신경써주세요. 아이들이 스스로 판단하기를 두려워하고 미룬다면 오히려 아이에게 더 기회를 줘야 합니다. 아이를 믿고 지지하여 선택에 실패하더라도 나무라지 마세요. 그런 경험들이 쌓여야 아이는 스스로 결정하는 것의 필요성과 힘을 키워낼 수 있습니다. 자율성이 있는 아이가 건강합니다. 아이가 스스로 판단할 기회와 믿음을 심어주세요.

아이의 작은 변화에도 큰 지지를

아이에게 어떤 변화가 일어나고 있는지 스스로 돌아볼 수 있도록 자주 대화를 나누세요. 그리고 아이에게서 일어나는 작은 감정의 변화라도 소중하게 생각하고 인정하는 노력이 필요합니다. 또한 안정적인 정서를 함께 제공해주세요. 아이가 변화를 싫어하고 두려워하는데 부모 마음대로 모든 것을 결정하고 변화를 강요하는 것은 아이에게 어려움을 줄 수 있습니다. 아이가 변하는 모습이 보이지 않는다고 해서 아이가 성장하지 않는 것은 아닙니다. 아이는 보이지 않게 조금씩 단단해지고 있어요. 그 변화를 가만히 지켜보며 응원해주세요. 아이는 부모님의 그런 믿음 아래 더 굳건한 아이로 자라날 테니까요.

아이가 지금 아무 변화가 없는 것이 아니라 변화가 두려운 것일 수 있어요. 그럴 때는 부모가 나서서 변화가 결코 나쁜 것이 아니고 변화를 통해서 성장한다는 믿음을 주세요. 아이가 더 긍정적인 방향으로 바르게 성장해나갈 테니까요. 아이의 조그만 변화와 성장의 가능성을 찾아서 북돋워준다면 아이는 더욱더 멋지고 믿음직스럽게 자라날 거예요. 아이가 관심 있어 하는 분야를 적극적으로 찾아서 도전할 수 있는 기회를 많이 만들어주세요. 아이가 도전하면서 자신의 성장을 느끼게 된다면 더 힘있게 나아갈 역량을 키울 수 있을 거예요.

몸과 정신적 변화에 혼란스러워해요

아이가 매일 거울을 보면서 살아요. 거울을 보면서 오락가락하는 게 마치 마녀와 요정이 왔다갔다 하는 것 같아요. 같은 얼굴을 보고도 이 정도면 괜찮지 하면서 온갖 멋진 표정을 다 짓다가 갑자기 거울을 팽개치고 나를 노려봐요. 왜 이렇게 못생기게 낳았느냐고요. 얼굴뿐만 아니라 외모부터 성격까지 뭐 하나 마음에 드는 게 없는 모양이에요. 불만이 어마어마합니다. 아이를 보고 있으면 마치 지킬과 하이드를 보는 기분이 든다니까요. 기분도 들쑥날쑥하답니다. 자신만만했다가 우울해집니다. 귀찮다고 했다가 스스로 하겠다 그래요. 도대체 몇 명의 아이가 저 안에 들어 있나 싶습니다. 모든 감정을 모아서 터트리는 아이의 비위를 맞추는 게 힘든 건 부모도 마찬가지예요. 아이는 투정을 부리는 거로 가볍게 생각하겠지만 나는 화가 나요. 아이를 이해하지 못할 때가 정말 많습니다. 부모라는 이유로 아이의 이런 변화를 다 이해해야 하는 것은 아니잖아요. 나는 부모님께 저런 투정 한 번 안 부리고 얌전히 자랐는데 말이죠. 이 아이는 뭐가 이렇게 유난인지 모르겠어요. 다른 아이들은 별 탈 없이 잘 크는 것 같은데 왜 이 아이만 이렇게 유난일까요. 내가 잘 못 키워서 그런지 성향이 그런 건지 정말 사람을 힘들게 합니다. 언제나 이 아이가 안정을 찾게 될까요.

사춘기 반응

내 몸이 언젠가부터 이상합니다. 보건 시간에 배운대로 변화하는 건 알겠는데 실제로 그 변화가 내 몸에서 일어나니 너무 이상해요. 성별 특징이 나타나는 게 좀 징그러워요. 가슴이 커지는 것도 어색한데 생리까지 하니까 아주 죽을 맛이에요. 남자 친구들은 목소리도 이상해지고 눈빛이 달라졌어요. 좋아하는 여학생들이 생기면서 이상하게 느끼해지기도 하고요. 나도 친구들처럼 변화하는 거라고 나를 안심시켜 봐도 기분이 이상한 건 어쩔 수 없나 봐요. 머리카락도 곱슬곱슬해지고 머리 냄새도 심해졌어요. 매일 씻고 또 씻어도 냄새가 나는 것 같고 머리카락에는 금방 기름이 껴서 힘들어요. 얼굴에 난 여드름은 나를 더 못생겨 보이게 합니다. 외모가 총체적인 난국인데 거기에 기분까지 오락가락해서 힘들어요. 안 그랬는데 말 한 마디로 천국과 지옥을 오가는 기분이랄까요. 친구들이 나를 인정하는 말 한 마디에 못할 게 없을 것 같다가도 또 금세 우울한 마음이 들어요. 내 마음을 아무도 모르는 것 같아서 쓸쓸해요. 부모님과는 대화가 안 통하고요. 친구들 비위 맞추기도 힘들어요. 어제는 웃고 얘기하던 친구가 오늘은 무슨 일인지 냉랭한 거예요. 무엇 때문인지 아무리 생각해도 모르겠거든요. 나랑 친했던 친구였는데 멀어지는 것 같은 생각이 들면 하늘이 무너지는 것 같아요. 나 혼자인 것 같고 너무 외롭단 말이죠. 기분이 이렇게 들쑥날쑥 하니 나도 나를 잘 모르겠어요. 나란 사람은 누구인지 뭘 좋아하는지 알다가도 모르겠고요. 나도 내가 어색할 때가 있답니다. 내가 너무 좋았다가 싫어지기도 하고요. 이런 내 기분을 누가 맞춰줄까 싶다가도 다들 나를 좋아할 수밖에 없는데 걘 왜 그럴까 이상하다 싶기도 해요. 이런저런 생각들로 너무 피곤해요. 밤이면 미래에 대한 걱정 때문에 잠도 잘 안 오고요. 편안했던 어린 시절로 돌아가고 싶어요. 요즘 나는 너무 힘들어요.

몸과 마음으로 지나는 사춘기

아이가 사춘기가 되면서 너무 많은 변화를 겪게 됩니다. 신체적으로 불쑥불쑥 변화하는 자신의 모습을 받아들이기에도 벅차죠. 남성이 남성다워지고, 여성이 여성다워진다는 사춘기의 정의가 아이들에게는 부담스럽습니다. 나 혼자만 이런 모습을 하게 되는 것은 아닐까 두려운 마음이 들죠. 친구들과 몸의 변화에 대해 허심탄회하게 이야기 나누기에는 약간 부끄러운 마음이 있어요. 그러다 보면 아이는 어떻게 하면 자신의 몸의 변화를 타인이 눈치채지 못할까 움츠러들게 됩니다. 너무나 빠른 변화가 당황스럽기도 하고요. 그 변화 과정에서 피로를 느끼기도 하죠. 새벽까지 잠이 안 오는 게 좋기도 하면서 피곤할 거예요. 돌아서면 배고픈 상황이 행복하기도 하지만 갑자기 살이 찔까 봐 두렵기도 하죠. 자신의 몸에 대한 관심은 늘어나지만 어떻게 건강하게 받아들여 할지 몰라 망설여집니다.

사춘기 아이의 혼란스러움은 자연스러운 현상입니다. 유난을 떤다거나 과장해서 표현하는 게 아니에요. 아이가 이렇게 혼란스러운 자신의 마음을 표현할 수 있어야 합니다. 그게 건강한 거죠. 그런 거 모르겠고 공부나 하라고 하면 아이는 마음의 상처를 받습니다. 공부는 정서가 안정되고 마음이 편안할수록 하고 싶은 동기도 생기니까요.

아이가 지금 갈피를 못 잡고 흔들리고 있다면 일단 모든 것을 접고 네가 얼마나 소중한 존재인지부터 이야기해주세요. 부모는 아이에게 그런 믿음을 줄 수 있어야 해요. 자신이 어려운 관문을 통과하고 있으며 흔들릴 수 있지만 변함 없이 사랑받고 있다는 믿음 말이죠. 그 믿음이 아이가 사춘기를 이겨낼 때 큰 힘이 되어줄 겁니다.

토닥토닥, 괜찮아

호르몬의 변화로 인해 겪는 정신적 변화는 신체적 변화보다 더합니다. 이성에 대한 호기심이 늘어나고 기분이 오락가락하죠. 감정을 어떻게 통제하는지 모르겠으니 당황스럽고 모든 게 귀찮기만 해요. 나란 사람은 누구일까 생각하면서 주변을 둘러봅니다. 다들 잘 살아가는데 나만 흔들리는 것 같아 초라해지기도 하죠. 이런 상황을 과연 내가 잘 이겨나갈 수 있을까 자신 없습니다. 좋아 보이기만 하던 자신의 모습에서 부정적인 부분을 찾죠. 사회적인 비교와 경쟁이 더해져 아이는 점점 궁지에 몰리는 기분에 빠지기도 합니다. 나는 어떻게 살아가는 게 맞는지 고민은 되고 앞이 캄캄한 느낌이죠. 아이들은 이러한 상황에서 정말 많이 혼란스럽습니다. 내가 알아낸 나의 가치관이나 생각들, 취향이나 성격이 남들과 다르거나 모난 곳이 있을까 봐 걱정이 많아집니다. 자신의 모습을 숨기기도 하죠. 자신의 생각이나 감정변화를 숨기면서 아이는 차차 더 고립됩니다.

아이가 이제껏 믿어왔던 세상에 의문을 갖게 되면서 혼란은 정점에 이르죠. 새로운 가치관이나 믿음을 찾아서 분주하게 움직이다가 이상한 상상에 빠지기도 하는 이유입니다. 이러한 여러 가지 상황에서 부모님께 조언을 구해보지만 돌아오는 것은 부정적 반응입니다. 공부나 할 것이지 유난을 떤다고 하거나 혼자서만 사춘기인 척 반항하거나 대든다고 혼납니다. 그러나 조금만 생각해보면 이런 신체와 정신의 혼란을 겪는 아이가 부드럽게 자신을 표현하기는 어려워요. 그때 부모님이 화를 내고 윽박지르면 아이들은 부모 앞에서 자기 감정을 숨겨버립니다. 자신을 아무도 이해하지 못한다는 두려움이 아이를 더욱 힘들게 하죠.

두려워하는 아이를 어떻게 도와줄 수 있을까요. 우선 아이가 자신의 혼란을 인정할 줄 알아야 합니다. 당연히 이런 감정이 들 수 있다고 자신에게 말할 수 있어야 해요. 자신이 이상한 게 아니라고 말이죠. 그런 자신감은 부모의 피드백을 통해서 갖게 돼요. 아이가 어려서부터 경험한 정서의 대부분은 가족에게서 기인하는 경우가 많습니다. 부모가 아이를 있는 그대로 존중하고 아이의 감정을 그대로 수용해줄 때 아이도 그 태도를 배울 수 있습니다. 자신의 감정변화를 자연스럽게 받아들이는 방법을 알게 되죠. 부족하고 흔들리는 자신의 모습이라도 숨기지 않을 거예요. 이제까지 감정의 수용이 원활하지 않았다고 해도 걱정하지 마세요. 사춘기는 기회입니다. 아이도 부모도 변하고 새로운 관계를 정립할 수 있는 시기죠. 뇌가 가지치기를 통해 재편성을 하는 때이니 지금부터라도 시작하면 됩니다. 아이를 존중하는 모습과 감정을 수용하는 태도를 보여주면 아이 또한 변할 겁니다. 자신의 감정을 소중하게 대하고 부끄러워하지 않으며 숨기지 않을 거예요.

건강한 신체에 건강한 정신이 깃든다는 말이 있죠. 신체 변화에 민감한 아이들에게 건강한 삶의 습관을 유지하는 것이 필요합니다.

아이들이 충분히 자고 잘 먹고 규칙적인 운동을 하면 혼란스러움 속에서도 안정을 찾을 수 있습니다. 스트레스를 해소할 수 있는 자신만의 필살기가 있다면 더욱 좋겠죠. 스트레스를 받을 때마다 친구와 함께 카페에 가서 수다를 떤다거나 함께 운동이나 게임을 하는 것도 좋아요. 아이가 편안하게 자신의 긴장도를 풀어낼 수 있는 활동을 하도록 도와주세요. 부모가 따스한 손길로 스킨십을 해주는 것도 좋습니다. 아이가 거부할 거라고 지레 겁을 먹는 분들도 있는데 아닙니다. 아이들의 따뜻하고 안정된 정서를 위해서는 변연계 호르몬의 안정이 필요합니다. 변연계에 이상이 있으면 결코 편안한 정서를 누릴 수가 없거든요. 변연계 안정은 애정이 담긴 사랑의 손길을 통해서 채울 수 있습니다. 사춘기 아이가 피한다고 스킨십을 멈추지 마세요. 아이가 거부하지 않을 정도의 가벼운 스킨십을 하면 됩니다. 등을 토닥이거나 가볍게 손을 마주쳐 파이팅을 하는 것도 좋습니다. 그런 신체 접촉을 통해서 아이의 감정을 편안하게 만들 수 있습니다. 다정한 말과 따뜻한 눈빛도 함께 건네세요. 아이가 혼란스러운 마음을 정리하는 데 실제로 도움이 된답니다. 건강한 아이로 키우기 위해서 아이를 많이 안아주세요. 사랑의 눈빛으로 많이 응원해주고 잘할 수 있을 거라는 믿음을 주세요. 아이가 흔들릴 때마다 손을 꼭 잡아주세요. 말로 조리 있게 다 표현하지 못하는 아이의 마음을 안아주고 어루만져 주세요. 아이는 흔들리면서도 뿌리를 단단하게 내리며 성장할 것입니다.

사춘기 아이는 많이 힘듭니다. 지금 인생에서 가장 거대한 변화의 관문을 통과하고 있어요. 힘들 수밖에 없죠. 신체적이든 정서적이든 힘든 아이들의 마음을 읽고 토닥여주세요. 자연스러운 현상이고 잘하고 있다고 아이를 응원해주세요. 혼란스러운 아이 마음에 안정감이 생길 거예요. 다정한 말과 부드러운 눈빛과 따뜻한 스킨십을 통한 정서적인 위로는 흔들리는 아이를 바로 잡아줄 것입니다.

타인과 비교하며 자신감을 잃어가요

부모 자극

요즘 아이가 뭘 해도 자신이 없어해요. 자기는 잘 못할 거 같다는 말만 하고 시도를 안 해요. 도대체 왜 그러느냐고 물었더니 자기는 잘하는 게 없다는 거예요. 왜 이렇게 특출난 게 없느냐면서 울먹이더라고요. 다른 아이들은 잘하는 것도 많은데 자기는 안 그렇다고요. 공부를 특별히 잘하는 것도 그렇다고 친구가 많은 것도 아니래요. 특별히 예쁜 것도 아니고 평범하거나 부족한 것투성이라며 자신 없어 하더라고요. 그 말을 듣고 너무 속상했어요. 맞아요. 우리 아이가 평범한 거 맞아요. 그래도 부족한 건 아니거든요. 스스로가 부족하다고 생각하지 않앗으면 좋겠는데 못한다고 시도도 안 하고 자신 없어 하는 모습이 정말 속상하기도 하고 짜증이 나기도 합니다.

뭐라도 열심히 파고들어야 평범한 자신이 나아지는 거 아닌가요. 그런 오기도 없고 깡도 없으면서 어떻게 특별해지기를 바라는 거죠? 모두 특별하게 타고 나서 성공하는 거냐고요. 자기가 열정을 가지고 열심히 하면 뒤에 성공은 따라오는 건데 그런 노력도 안 하면서 타고난 것만 못났다고 하니 정말 화가 납니다. 너도 할 수 있다고 노력하면 된다고 말은 해보지만 전혀 들으려고 안 합니다. 의욕 없이 힘만 빠져있는 아이를 보면 어찌해야 할지 나까지 기운 빠집니다. 다른 집 애들은 혼자서 미래도 계획하고 이것 저것 시도해본다는 얘기를 해주면 더 난리가 납니다. 뭘 어떻게 해야 할지 정말 모르겠어요.

 사춘기 반응

나는 잘하는 게 없어요. 남들과 비교해서 특별한 게 하나도 없죠. 친구들이랑 함께 있으면 존재감이 하나도 없어요. 무엇 하나 잘하는 게 없는 나 자신이 너무 실망스러워요. 부모님께 말하면 네가 뭐가 부족하냐고 하지만 아니에요. 부족한 거투성이죠. 도대체 잘하는 게 없는 나라서 도전하고 싶은 생각도 안들어요. 노력해봤자 잘할 것 같지 않아요. 차라리 시도를 안 하고 못 한다고 하는 게 마음 편할 거 같아요. 시도했는데도 못하는 것보다 덜 비참하니까요.

이런 나를 더 비참하게 만드는 것은 부모님의 비교예요. 엄마 아빠 주변에는 왜 그렇게 잘난 아이들이 많죠? 그 아이들은 부모님께 얼마나 좋은 유전자를 물려받았기에 그렇게 특출날까요. 나에게 특별한 재능이나 외모 유전자를 주지도 않았으면서 다른 아이들과 나를 비교하는 부모님이 원망스러워요. 내가 다른 부모님과 엄마 아빠를 비교하면 기분 좋나요. 그렇지 않잖아요. 그러면서 왜 나를 사사건건 비교하는 거냐고요. 어차피 해도 안 될 건데 시도해보라는 잔소리가 너무 지겨워요. 비교하지 않고 좋은 말로 하면 들을 수도 있어요. 그런데 화내면서 나를 몰아붙이니 더 하고 싶은 생각이 안 들어요. 부모님이 그렇게 하지 않아도 나 자신도 너무 비참하다고요. 가만히 있어도 충분히 괴롭단 말입니다. 비교하는 세상도 부모님도 나 자신도 잘난 아이들도 모두 다 미워요. 아무도 없는 곳에 가서 나 혼자 살고 싶어요. 누구와도 비교하지 않고 뒤처지지 않을 테니까요. 못난 내 모습을 매일 확인하는 일은 너무나도 괴롭습니다.

존재 자체가 특별해

　혼자서는 살아갈 수 없는 세상입니다. 타인과 협력하고 교류하며 살아가야 하죠. 더불어 살아가며 서로에게 좋은 영향을 주고 성장하는 것이 인간사회입니다. 그 과정에서 아이들은 타인과 자신을 비교하게 됩니다. 그리고 자신을 낮춰 생각하죠. 나는 나대로 타인은 타인대로 존중하며 살면 될 텐데 왜 우리는 비교를 하게 될까요? 비교는 자신의 위치와 능력을 확인하는 데 꼭 필요한 활동입니다. 자아

확인과 자기개발을 위해서 자신의 출발점을 찾을 수 있는 아주 의미 있는 활동이죠. 다른 사람과 자신을 비교하여 자신에게 더 필요한 것을 찾아내어 발전시킬 때 비교는 의미 있습니다. 경쟁을 통해서 비교를 경험하게 되면 더욱더 노력할 수 있는 동기를 제공하기도 하죠. 그러면서 성취감과 자신감을 키우는 데 도움이 됩니다. 문제는 이 비교가 나쁜 방향으로 작용할 때 생깁니다. 타인과 비교 과정에서 자존감이 낮아지고 불안감이 커지는 거죠.

처음으로 자신의 모습을 객관적으로 인식하게 되면서 자신의 위치를 찾게 되는 게 사춘기입니다. 이때 사회성 발달을 위해서 타인과 관계를 맺게 되는데 그 과정에서 과도한 비교가 일어나는 경우가 생깁니다. 과도하게 비교하고 경쟁하는 사회 분위기가 한 몫 하죠. 사춘기 시기와 학업적인 평가가 맞물리면서 아이들이 자신을 소중히 여기기도 전에 친구와 비교하고 자신감을 잃게 됩니다. 논리적인 판단력이 약해지면서 아직 노력도 해보지 않았는데 해도 안 될 것 같은 생각에 빠지게 되죠. 정서가 불안정하니 타인과 비교해서 부족한 것만 보기 쉽습니다. 외모도, 성격도, 능력도 다 부족하다는 생각이 들면서 점점 자신감을 잃게 됩니다. 노력해서 바꿔보겠다는 의지를 잃습니다. 사춘기 아이들 사이에서 '이생망(이번 생은 망했다)'는 말이 나오는 안타까운 이유입니다.

그런데 지지해주고 안정시켜줄 부모가 아이를 더 자극하기도 합니다. 내 아이가 성에 안 차요. 거슬리는 모습만 보이면서 다른 아이와 비교하는 것이죠. 내 아이이기 때문에 욕심이 투영되어 그렇습니다. 누가 봐도 괜찮은 아이인데도 부모는 마음에 안 들어하는 경우가 생기는 이유입니다. 부모가 볼 때 옆집 아이가 괜찮아 보이는 것은 그 아이의 생활을 속속들이 모르기 때문입니다. 타인에게는 겉으로 드러나는 좋은 점만 보여주니까요. SNS의 등장으로 비교는 한층 더 심해졌습니다. 어떻게 하면 아이의 비교를 멈출 수 있을까요.

우선 부모가 먼저 인지해야 합니다. 내 안의 어떤 감정이 아이를 비교하게 만드는지를 말이죠. 내가 어려서 채우지 못했던 감정에서 그 비교가 시작된다면, 명심하세요. 아이는 내가 아닙니다. 아이는 나의 결핍을 채워주는 존재가 아니에요. 그것을 분리해서 바라볼 수 있어야 해요. 부모인 나의 애착에서 어떤 문제가 있어서 아이에게 그 비교를 이어나가는건 아닌지 분명하게 구분해야 합니다. 그래야 비교하는 행동을 멈출 수 있습니다. 바뀌어야 할 것은 아이가 아니에요. 부모가 먼저 바뀔 때 아이도 바뀔 가능성이 훨씬 커집니다. 아이들이 제일 싫어하는 게 부모의 비교입니다. 부모가 먼저 내 자녀를 비교하고 초라하게 만드는 행동을 멈추세요. 아이 모습 그대로 봐줘야 합니다. 그래야 아이도 자신의 강점과 성향을 인식하고 비교를 멈출 수 있습니다. 부모가 계속해서 비교하면 아이가 건강하게 자라기는 쉽지 않다는 점을 꼭 기억하세요.

사춘기 아이들이 가장 싫어하는 것이 부모의 비교하는 말입니다. 옆집 아이, 엄마친구 아들, 내 친구…. 아이는 비교하는 말을 들으면 엄마는 얼마나 잘해서라는 반항심도 생기지만 곧 스스로를 초라하게 여기게 됩니다. 엄마의 기대에 못 미치는 부족한 존재로 받아들이게 되죠. 엄마의 비교 목적이 그건 아니잖아요. 내 아이가 자극을 받아서 조금 더 나아졌으면 싶어서 그런 건데 그게 아이의 의욕을 꺾고 아이를 더 움츠러들게 만들어요. 아이를 비교하는 말은 제발 멈추 세요. 아이가 잘 자라길 바란다면 비교하지 않는 것이 오히려 아이에게 큰 힘이 됩니다. 아이 모습 그대로 바라봐주고 잘하고 있다고 토닥이는 것이 지금 아이에게는 더 필요하답니다.

나는 내가 좋아

아이가 자신을 타인과 비교하고 자신감을 잃는다면 긍정적인 자아 이미지를 갖도록 도와주어야 합니다. 아이가 원하는 다양한 경험의 기회를 제공해주세요. 아이들이 어떤 것에 관심 있는지 대화해보고 거기서 자신감의 원천을 찾아주면 됩니다. 열린 자세로 아이의 이야기를 수용하면서 대화를 나누세요. 때로는 엉뚱하고 발칙한 이야기를 할 수도 있습니다. 그러나 태도나 말투의 문제보다 대화의 핵심에 집중하세요. 아이 마음이 얼마나 공허한지 그 이유가 무엇인지를 찾아 채워주려는 노력이 필요합니다. 관심 있고 좋아하는 것을 경험하다보면 아이가 자신감을 회복할 수 있습니다. 이때 지나친 승리욕을 갖거나 규칙을 어겨서라도 이기려는 자세는 지양해 주세요. 그렇게 얻은 성과물은 큰 의미가 없습니다. 과정에서 성실과 기쁨을 느끼게 도와주세요. 친구들과 협력하고 구성원을 배려하면서 성과를 이뤄내는 모습에 가치를 두세요. 그런 과정에서 아이는 함께 성장하는 기쁨을 느끼게 될 거예요. 자신이 원하는 것에 집중하고 그것을 이뤄나가는 과정에서 타인과 협력의 기쁨을 느끼는 거죠. 이런 과정을 겪는 아이들은 건강한 비교를 통해 성취를 이루는 아이로 자랍니다.

각자에게는 개성이 있고 장단점이 있어요. 사람마다 차이가 있을 수밖에 없잖아요. 그 특성을 잘 살려서 협력해 나갈 때 서로 발전할 수 있다는 것을 경험하게 해주세요. 아이들이 스스로 좋아하는 활동에서 열심히 노력해서 얻은 성과는 아이에게 비교하지 않고 자신을 소중하게 생각하는 마음을 키워줄 것입니다. 특히 그 내용이 비교해서 결과를 내지 않고 스스로 성취의 결과를 높여가는 활동이라면 더 좋겠죠. 자신에게 집중하는 경험을 통해 자신의 가치를 스스로 깨우치게 될 테니까요.

아이도 자신의 가능성을 알고 싶습니다. 타인과 비교해서 결코 뒤처지지 않는다는 걸 믿고 싶어요. 관심 있고 자신 있는 분야의 경험은 그런 믿음에 도움이 됩니다. 노력의 결과로 당당히 얻은 성과는 아이를 뿌듯하게 하고 비교의 늪에서 구해줍니다. 아이가 잘할 수 있는 분야를 찾아서 즐겁게 경험하게 해주세요. 거기서 최고의 성과를 얻지는 못하더라도 자신의 가능성을 체험하는 의미 있는 시간이 될 테니까요. 그 과정에서 아이는 몰라보게 단단해질 겁니다. 스스로 가능성을 믿고 도전하는 아이가 되는 거죠.

나는 나, 너는 너

아이들이 타인과 비교하지 않고 있는 그대로 수용하려면 상대방의 감정을 공감하는 태도가 필요합니다. 이런 태도는 상대방의 입장을 이해할 수 있게 합니다. 상대를 폭넓게 이해함으로써 아이들이 자신과 타인에 대한 배려를 배울 수 있습니다. 이는 단단한 자존감으로 자리잡죠. 아이가 흔들릴 때마다 입장 바꿔 생각하고 이해하는 과정을 통해 얻은 자존감은 자신을 성장시켜 나가는 원동력이 됩니다. 혼자 살아갈 수 없는 세상에서 비교를 멈추고 자신의 건강한 발전을 도모하려면 나도 타인도 깊이 이해하는 것이 중요합니다. 비교하면 초라해지거나 자만해지거나 두 가지 결과밖에 남지 않습니다. 비교를 멈추고 이해하면 공동 성장을 할 수 있답니다. 아이가 마음속에 든든한 자기 믿음이 생기도록 다양한 경험과 성취 기회를 제공해주세요. 자신만의 특성에 맞게 장점을 키워가며 자라나게 될 것입니다.

공부와 바로 연결되는 시간 관리

어릴 때부터 아이는 시간개념이 약했습니다. 늘 급한 건 나뿐이었죠. 문제를 풀라고 하면 정성 들여 천천히 풀다가 몇 문제 못 풀고 끝낼 때가 많았어요. 이런 건 문제도 아니죠. 어차피 연습하면 나아질 테니까요. 그런데 사춘기가 되면서 아이는 더욱 시간개념이 없어진 것 같아요. 아니, 없어진 게 아니라 시간을 지켜서 뭘 해야 한다는 목적의식이 흐려졌다는 표현이 더 맞겠네요.

학교에 다녀오면 일단 침대에 눕습니다. 간식을 챙겨주면 누워서 먹어요. 일어날 생각을 안 합니다. 잔소리를 해봐도 손에 휴대폰을 들고 아무 말도 안 하고 가만히 있습니다. 어쩔 땐 불도 안 켜고 있어서 화딱지가 납니다. 나 같으면 해야 할 숙제부터 하고 쉴 텐데 아이는 전혀 급할 게 없어요. 그렇게 저녁 먹을 때까지 뒹굴거리다가 배고프다며 제 방에서 나옵니다. 나와서 밥을 먹는 것도 하세월이죠. 한 시간 넘게 쫑알거리거나 휴대폰을 보며 밥을 먹습니다. 쫑알거리는 말을 들어 보면 시시콜콜한 얘기들 뿐이에요. 열심히 인생을 살아보겠다는 의지 따위는 하나도 없습니다. 그렇게 저녁을 먹고 다시 침대에 누우려는 것을 겨우 일으켜 숙제를 시킵니다. 숙제를 하는데 시간이 너무 걸려요. 대여섯 시간을 책상에 앉아있긴 하는데 진도가 나가지 않습니다. 너무 힘들어 보이는데 진도는 안 나가니 양을 줄일 수밖에 없고 그러니 학원 진도도 못 따라갑니다. 아이들은 선행이다 뭐다 진도가 쭉쭉 나가고 열심히 인데 욕심도 없고 계획도 없습니다. 그저 누워서 뒹굴거리는 게 제일 좋다며 느릿느릿 마지못해 내가 내준 숙제를 합니다. 시간은 흐르지만 아이가 해 놓은 것은 별반 없습니다. 또 그렇게 하루가 흘러 갑니다. 이러다가 혼자만 뒤쳐질 것 같아 걱정입니다.

사춘기 반응

엄마는 늘 '빨리빨리' 입니다. 왜 그렇게 나를 힘들게 하는지 모르겠어요. 어릴 때부터 그랬어요. 나는 엄마의 성화에 늘 바빴어요. 장난감을 가지고 놀고 있으면 엄마가 갑자기 끼어들어 다른 놀이를 시켰어요. 한참 재미있게 놀고 있었는데 흥이 깨지죠. 그럴 때마다 정말 짜증이 났어요. 하지만 엄마를 사랑하기 때문에 꾹 참았어요. 그런데 시간이 지날수록 엄마의 간섭은 늘어만 갔습니다. 공부 양이 많아지는 고학년이 되자 엄마의 독촉은 더 심해져만 갔습니다. 중학교에 와서는 점점 나를 시간으로 옥죄는 것 같습니다. 나는 너무 답답해요. 엄마는 내 흥미나 관심보다는 해야 하는 일에만 집중하니까요.

사실 나도 학교에서 힘들어요. 학교에서 수업, 온갖 수행평가, 각종 시험이 나를 독촉합니다. 거기서 비교당하고 제대로 해내는 게 없는 내 모습에 잔뜩 실망하고 돌아옵니다. 그래서 집에 돌아오면 쉬고 싶어요. 조용히 아무도 없는 공간에서 나만의 휴식을 갖고 싶다고요. 그래서 불도 켜지 않고 가만히 누워 있습니다. 이른 아침부터 떠지지 않는 눈을 겨우 떠 학교에 갔고 열심히 다람쥐처럼 쳇바퀴 돌 듯 시간을 보냈으면 좀 쉴 수도 있잖아요. 그런데 엄마가 불을 켜며 내방에 침입합니다. 허락도 없이 들어와서 잔소리를 시작하죠. 해야 할 일이 얼마나 많은데 시간을 허투루 쓰냐고요. 내가 볼 때 엄마도 그렇게 시간을 능률적으로 쓰는 것 같지 않아요. 전화로 수다를 떨거나 드라마를 보면서 지낼 때가 많거든요. 그러면서 나에게만 왜 시간을 제대로 쓰라고 강요하는지 모르겠어요.

시간, 물론 중요하죠. 하지만 나에게는 아직 많은 시간과 기회가 있어요. 급하게 앞만 보고 달려가고 싶지 않아요. 나에게는 지금 즐길 것들도 많거든요. 그것들을 하나하나 천천히 경험하면서 나만의 시각을 갖고 싶어요. 난 아직 어리니까 실패할 수도 있고 다른 길로 돌아갈 수도 있고, 머물며 쉬다 가도 괜찮지 않나요? 그러면서 배우는 게 있다고 생각하는데 엄마는 나를 백 미터 달리기 선수처럼 몰아가요. 나는 아직 어떻게 살아갈지, 어느 방향으로 살아갈지 목표도 찾지 못했어요. 골인 지점이 어딘지도 모르는데 일단 달리라고 하니 어디로, 어떻게, 왜 해야 하는지 모르겠어요. 나만의 시간을 인정해주면 안 되나요. 내 시간의 주인공은 난데 내 마음대로 시간을 보내지 못해 우울합니다.

아이 욕구 vs 부모 바람

나이에 따라서 시간의 속도가 다르다고 하죠. 어른들은 시간이 정말 쏜살같이 지나간다고 하는데 아이들은 시간을 정말 더디게 느낍니다. 시간에 대해서 급하지 않습니다. 아이들에겐 모든 것이 새로운 경험이니 그 시간이 신기하고 길게 느껴질 거예요. 이런 시간개념의 차이는 사춘기가 되면 더 벌어집니다. 왜 그럴까요? 아이들 스스로 계획을 세우는 일이 많지 않아서입니다. 사춘기까지도 아이들의 시간 계획은 부모님에 의해서 정해지는 일이 많죠. 자신의 필요에 따라 시간 계획을 세우는 게 아니니까 어렵게 느끼거나 귀찮게 생각하고 중시하지 않죠. 계획을 꼭 지켜야겠다는 의지도 없습니다. 일정에 집착하지 않고 자신의 감정대로 행동합니다.

친구 관계, 아이돌이나 유행, SNS나 게임 등 재미있는 것이 워낙 많아지다 보니 아이들이 시간을 효율적으로 관리하거나 분배하는 데 어려움을 겪습니다. 하나에 몰두하다 보면 다른 것을 놓치는 일이 생기는 거죠. 자기관리 능력도 부족해 습관적으로 게임이나 스마트폰에 관심을 갖고요. 잠이 부족하거나 할 일에 집중을 못 해 시간 낭비를 하게 됩니다.

사춘기에는 하고 싶은 일이 많습니다. 아이들의 관심사가 확대되면서 재미있게 몰두할 수 있는 것들이 늘어나죠. 문제는 해야 할 일도 그만큼 많아진다는 겁니다. 아이들은 할 일과 하고 싶은 일 중에서 망설이지 않고 하고 싶은 일을 선택합니다. 해야 할 일은 자꾸 뒤로 밀리죠. 이를 지켜보는 부모는 답답합니다. 하고 싶은 일만 하면서 살 수 없는 세상이니까요. 아이의 욕구와 부모의 바람이 충돌하면서 아이들은 시간 관리의 선택권을 부여받지 못하게 됩니다. 그러면 시간을 아무렇게나 낭비해버리는 문제가 나타날 수 있습니다.

먼저 시간 개념을 잡자

아이들은 시간 관리를 못하는 것이 하루 이틀도 아닌데 왜 자꾸 더 잔소리를 하는지 이해하지 못합니다. 어차피 시간 관리에 대한 관심이 없으니까요. 하지만 아이들이 시간 관리를 못 하게 되면 여러 가지 문제가 생깁니다. 우선 적절한 공부를 해야 할 시간이 확보되지 못합니다. 이는 추후 진로 선택이나 성적관리의 어려움으로 이어집니다. 시간관리를 못하는 만큼 할 일은 쌓이게 되겠죠. 어릴 때는 그 일들이 크게 중요하지 않았지만 사춘기 시기에는 꼭 해야 하는 일인데도 미루게 되는 겁니다. 이로써 아이들은 스트레스를 받게 됩니다.

시간을 지키지 않거나 약속을 어기는 일이 자꾸 생기면 대인관계에서도 어려움이 생기죠. 믿을 수 없는 아이라는 인식이 생겨 친구 관계나 학교 생활에서 곤란을 겪을 수 있습니다. 시간 관리를 못 하면서 미뤄진 활동을 잠을 미루면서 하게 되어 불규칙한 생활 습관을 갖는 문제도 생깁니다. 아이들 수면시간이 부족하거나 불규칙한 식습관을 갖게 되어 성장과 발달에 해를 입을 수도 있죠. 이런 문제들이 있지만 아이들은 시간 관리의 중요성을 인식하지 못합니다.

시간 관리를 어려워하는 아이들은 일단 목표를 갖는 것이 중요합니다. 아이 스스로 달성하고 싶은 목표를 정하고 그것을 이루기 위해 시간 계획을 세우도록 합니다. 스스로가 목표를 설정하고 그에 필요한 것들을 배분해보면서 시간을 관리하는 경험을 쌓을 수 있습니다. 자신이 해야 할 일이 무엇인지 알게 되면 시간을 조정하고 싶은 욕구가 생깁니다. 이때 아이들이 스스로 목표를 세우고 계획을 짜도록 하세요. 부모가 시키는 대로 시간표를 정하는 것이 아닙니다. 본인이 스스로 정한 중요도에 따라 시간 계획을 세우고 그것을 이뤄나가도록 합니다. 물론 처음에는 시간표대로 지켜지지 않을 가능성이 많습니다. 그렇다 해도 노력하는 것에 의의를 두세요. 시간 관리 능력이 점점 향상될 것입니다. 이때 부모님은 아이가 불필요한 일에 끼어들지 않도록 계획을 세우는 습관을 길러주세요. 또한 여러 가지를 잡다하게 진행하기 보다는 한 가지씩 해나가는 것, 계획이 지켜지지 않을 경우에는 수정하는 것, 우선 순위의 순서만 바꿔도 들이는 시간을 줄일 수 있다는 것, 타이머나 앱을 이용하면 효율적이라는 것 등 작은 실천 방법을 알려주세요. 아이는 습관적으로 스마트폰을 하거나 게임을 하면서 낭비하던 시간을 줄이고 아낀 시간으로 자신이 정말 좋아하고 재미있는 취미에 시간을 들일 겁니다. 이러한 과정과 시행착오를 거쳐야 진짜 자기 시간을 관리할 수 있게 되죠.

아이의 시간은 아이에게 맡겨보세요. 처음엔 나아지지 않아 보일 거예요. 시간을 낭비해 아이가 뒤처질까 봐 걱정되실 거예요. 하지만 이때 스스로 관리를 해보지 못하면 아이는 평생 타인의 시간에 맞춰 살아가게 됩니다. 자기 시간을 본인 위주로 쓰지 못하게 되죠. 과감하게 사춘기 초반의 시간을 아이에게 맡겨주세요. 아이가 실수하고 낭비하고 나면 스스로 깨닫게 될 것입니다. 자신이 시간 관리가 필요한 이유를 알면 그걸 알고 나서의 아이는 정말 달라질 테니까요. 답답해도 아이 스스로 느끼고 배울 수 있는 기회를 꼭 마련해주세요.

몰입 경험에서 이어지는 공부 의욕

우리 아이는 로봇 같아요. 아무 감정이 없어요. 내가 하라는 대로만 해요. 어쩌면 그렇게 자기 생각이 없을까요. 하고 싶은 것도, 원하는 것도 없습니다. 모든 걸 나에게 물어봐요. 그 정도 나이가 되었으면 자기가 원하는 걸 알 나이도 되지 않았나요? 한심하고 답답해요. 나에게 뭘 하고 어떻게 할까 물어볼 때마다 화가 난답니다. 다른 아이들은 알아서 척척 하고 하고 싶은 것도 많대요. 오히려 자기 스스로 알아서 한다고 해서 갈등이 생긴다더라고요. 그런데 우리 아이는 무조건 내 의견에만 따라요. 자기 생각이나 주장은 없어요. 어떻게 사회 생활은 해 나갈지 정말 걱정입니다.

학교에서도 친구에게만 다 맞춰주나 봐요. 그러면 바보 취급당할 텐데 너무 어린아이 같아요. 스스로 선택한 것도 없으니 의욕적으로 하는 것도 없죠. 시키면 마지못해 해요. 어쩌면 자기 욕구는 없는 아이가 아닐까 생각도 든다니까요. 네 생각을 말해보라고 하면 묵묵부답이에요. 아무것도 하려고 하지 않으니 내가 시킬 수밖에 없어요. 그러니 다시 답답해지는 상황이 무한 반복이에요. 사춘기에는 목소리가 커지고 주장도 세진다던데 도대체 이 아이는 왜 이러는 걸까요.

사춘기 반응

나는 재미있는 게 없어요. 하고 싶은 것도 없어요. 언제부터인지 모든 게 시들해졌어요. 어릴 때는 안 그랬죠. 세상에 신기한 거투성이었어요. 하고 싶은 것도 엄청 많았어요. 그런데 언제부터 의욕이 사라진 걸까요. 내가 생각해봤는데. 아마도 내가 좋아하는 것을 엄마가 못하게 할 때부터였던 것 같아요. 엄마는 내가 좋아하는 걸 싫어해요. 내가 열심히 책을 읽고 있으면 숙제부터 하라고 해요. 딱 재미있는 부분인데 그만하라고 화를 내죠. 나는 내 의지와 상관없이 책 읽기를 멈춰야 했어요. 그러면 엄마는 그제야 만족하는 것 같았어요. 나는 내가 좋아하는 책 읽기를 못 해서 많이 속상했어요. 하지만 그때는 엄마가 화내지 않고 만족해 하는 게 더 중요했던 것 같아요. 엄마는 나에게 가장 소중한 존재였으니까요. 어느 날은 블록 놀이를 하고 있었어요. 재미있게 만들고 있는데 엄마가 보더니 그만하라고 화를 냈어요. 언제까지 이걸 할거냐고요. 나는 이제 막 원리를 알고 재미있게 시작할 참이었거든요. 엄마가 화를 내자 느낌으로 알았어요. 엄마는 블록놀이를 싫어하는구나, 이걸 계속하면 엄마가 화를 내겠구나. 그래서 얼른 블록을 그만하고 공부를 했어요. 그제야 엄마의 얼굴에는 미소가 떠올랐죠. 내 마음은 엄마를 만족시키긴 했지만 행복하진 않았어요. 그런 일이 반복되면서 내가 좋아하는 것을 하고 싶다는 생각이 차츰 준 것 같아요. 내가 좋아하는 건 엄마가 싫어하니까요. 그래서 나는 엄마가 시키는 것만 하는 게 편해요. 그래야 엄마가 화를 안 내고 좋아하니까요.

긍정적인 눈으로

사춘기 아이들은 정말 머리가 복잡합니다. 잘하고 싶은 건 많은데 잘할 줄 아는 것은 적습니다. 어떻게든 존재감을 드러내고 싶어 게임이든 SNS에 몰입하기도 합니다. 자신도 자신감을 얻고자 노력하는 건데 부모의 눈에는 양에 차지 않습니다. 부모가 원하는 것은 학생으로서 학교에서 공부를 특출나게 잘하는 것이니까요. 부모는 아이를 다그칩니다. 아직 공부의 방법도 흥미도 찾지 못한 아이들은 모든 것에서 손을 놓습니다. 스스로 재미있는 것을 찾아서 이뤄보겠다는 생각을 접죠. 아이들은 부모가 시키는 것만 마지못해 합니다. 일단은 시키는 것만 해도 아무것도 안 하거나 시도도 안 하던 과거보다는 낮다고 생각하나요? 아이가 시키는 것만 의욕 없이 하는 것이 아이의 미래에 정말 도움이 될지 생각해봐야 합니다.

사춘기 아이는 스스로 인생을 그리고 싶어 해요. 하지만 부모가 믿음을 주지 않으면 할 수가 없다고 생각합니다. 자신감을 잃은 아이는 의욕을 잃게 되죠. 아이가 의욕이 없고 무기력하다고 탓하기 전에 아이의 가능성을 얼마나 긍정의 눈으로 바라보았는지 생각해보세요. 한심하고 실망스럽다는 부모의 반응을 받은 아이는 혼자서 잘 해낼 수 있다는 자신감도, 스스로 해보고 싶다는 의욕도 가질 수 없습니다.

몰입의 경험

사춘기 아이들은 자신에 대해 관심을 가지기 시작하면서 자신과 타인을 비교하기 시작합니다. 비교를 통해서 자신의 못난 모습을 확인하고 감정적으로 다운되어 있을 확률이 높습니다. 그런 자신의 모습이 부모에게나 주변 사람에게 실망을 일으킬 것 같아 소극적으로 변하죠. 이런 압박으로 인한 소극적 행동과 주눅 든 마음은 아이를 점점 힘들게 만듭니다. 자신은 해도 안된다는 생각은 자신감을 낮추고 의욕을 잃게 만들죠. 아무 의욕도 없이 시키는 것만 하는 아이는 즐겁지 않습니다. 자신을 찾고 싶은 사춘기 의지와도 부딪치죠. 아이는 점점 자신감을 잃고 힘이 빠집니다. 이렇게 소극적이며 타의에 의한 행동이 좋은 결과를 낳을 리가 없죠. 목적지 없는 항해는 표류하기 쉬운 것과 같습니다. 이런 아이들이 어떻게 하면 자기 스스로 자신의 목표를 세우고 적극적으로 행동할 수 있도록 도울 수 있을까요.

이때 가장 중요한 것이 몰입의 경험입니다. 아이들이 좋아하는 것에 마음껏 몰두해보는 경험이 필요합니다. 몰입을 통해서 뭔가 성취를 이뤄내는 기분 좋은 경험 말이죠. 이것을 해봐야 아이들이 자신감이 생깁니다. 그런데 여기서 하나 염두에 둘 건 몰입의 경험을 할 수 있는 영역을 제한하지 않는 것입니다. 부모 입장에서는 공부에 몰입해봤으면 싶겠지만 그 욕심을 잠깐 내려놓아야 해요. 여기서 핵심은 몰입의 경험입니다. 아이가 어떤 분야에서 두각을 나타내고 관심을 갖게 될지 모르니까요. 다양한 경험을 통해서 아이가 자신의 관심사를 늘려가는 기회로 삼아주세요. 아이가 몰입 경험을 통해서 목표가 생기면 자연히 공부까지 확장시킬 수 있습니다.

아이가 장난감을 갖고 놉니다. 재미있게 놀고 있는데 부모는 마음이 급합니다. 어서 저 장난감을 치우고 책을 읽었으면 좋겠거든요. 아이는 부모의 다급함에 못 이겨 잘 갖고 놀던 장난감을 정리합니다. 자신의 욕구보다 부모의 바람에 맞추는 게 마음이 편하니까요. 어려서부터 자신의 욕구를 억제하는 일이 반복되면 아이는 스스로 뭔가 하고 싶다는 의욕을 갖지 않습니다. 가져봤자 중간에 좌절될

게 뻔하니까요. 멍하니 있다가 부모가 시키는 일을 하는 것이 분란 없이 편히 지낼 방법이라고 생각하게 됩니다. 아이가 의욕 없이 시키는 일만 하고 있다면 내가 얼마나 자주 아이의 몰입을 방해하고, 아이를 내 목표대로 끌고 가려고 했는지 생각해봐야 합니다. 아이에게 도움이 되고자 했던 일들이 자녀의 자립심과 의욕을 뺏었을 수 있습니다.

아이를 원망하고 탓하기 전에 나의 태도에는 문제가 없었는지 살펴보세요. 아이에게 의욕을 불러일으키려면 그것부터 알아봐야 해요. 시키는 것에만 익숙해진 아이가 스스로 동기를 갖기는 너무나도 어려운 일이랍니다.

작은 자극부터 시작

몰입 외에도 아이 스스로 목표를 설정하고 계획을 세워보는 방법도 있습니다. 남들이 제시하고 타인이 이끄는 목표가 아니라 자신이 원하는 목표를 설정하는 거죠. 아이가 목표를 세우면서 방향성을 가지게 되면 계획을 지키고자 하는 의욕을 갖습니다. 친구나 가족과 함께하는 활동을 통해 의욕을 찾을 수도 있죠. 접해보지 않은 다양한 활동을 통해 재미를 느끼고 그것이 의욕으로 이어지기도 합니다. 새로운 자극을 통해서 아이를 환기시킬 수 있습니다. 우선 잘 먹고 충분히 쉬게 하세요. 그렇게 성장하면서 겪는 피로를 풀어내고 마음을 편안하게 가지면 의욕이 생기기도 합니다.

아이의 마음을 이해하고 왜 의욕이 없는지 대화하는 것도 좋습니다. 대화를 통해서 서로를 이해할 수 있는 기회를 만들어요. 아이도 본인의 모습을 객관적으로 정리해볼 수 있는 시간을 가질 수 있습니다. 또 아이의 의욕을 높이기 위해서 긍정적인 에너지와 동기부여 방법을 찾아보세요. 아이가 좋아하는 친구가 하는 행동을 따라 하려는 의지라도 있다면 그것을 격려해주세요. 친구와 가까워진 느낌에 기분이 좋아지고 의욕이 생길수 있습니다. 아이의 이야기를 듣다보면 아이가 의욕을 얻을 수 있는 조그마한 기회라도 찾을 수 있어요. 그때 그 기회를 키워서 아이의 행동과 연결시켜주세요. 아이의 의욕을 높이기 위해서는 아이를 이해하고 지지하려는 마음이 중요하다는 것을 잊지 마세요.

무엇보다 중요한 것은 스스로 해보고 할 수 있다는 마음을 갖는 것입니다. 기분이 좋아지면 의욕도 덩달아 생겨납니다. 아이가 조그만 것이라도 해냈을 때 진심으로 칭찬하고 격려하면 아이는 하고 싶은 마음이 생길 겁니다. 아이가 조금 느리게 가더라고 윽박지르지 말고 진심으로 아이를 응원해주세요. 시키고 싶은 마음이 들더라도 조금 참으셔야 해요. 시켜서 하는 아이는 즐겁지도, 의욕적이지도 않으니까요. 시켜서 한다고 나무라기 전에 시키지 않고 기다리는 나의 마음이 부족했던 것은 아닌지 되돌아보세요. 이런 점검과 시도를 통해서 스스로 행동하는 아이로 만들 수 있어요. 부모가 자신을 믿고 있고 기다려주고 있다는 사실은 아이에게 힘을 줍니다. 아이에게서 실망스러운 눈빛을 거두고 아이를 응원해주세요. 지치고 상처받은 아이가 다시 힘을 낼 것입니다.

시험 앞에서 작아지는 아이

시험 기간을 앞두고 아이가 안 하던 행동을 합니다. 너무너무 신경질을 많이 부리며 다른 때보다 몇 배나 예민해요. 시험이니까 잘하고 싶어서 그런가 하고 처음엔 이해했어요. 그런데 그 정도가 너무 지나칩니다. 어느 정도 적절한 스트레스와 긴장은 시험공부에 도움이 되잖아요. 각성을 통해서 아이가 더 공부를 잘할 수 있게 도와주기도 하고요. 그런데 그 정도가 아니라 조금만 건드려도 엄청난 화를 냅니다. 기출문제를 풀었는데 문제 하나 틀리면 자기는 가능성이 없다며 바보라고 자책을 합니다. 시험 볼 생각만 하면 식은땀이 나고 시험 걱정 때문에 입맛이 없어진다고도 하죠. 잠도 깊이 못 자니 낮에도 피곤해 하고 집중을 못 해요. 이렇게 예민하니 시험공부가 잘될 리가 있겠어요. 공부해도 머리에 잘 안 들어가죠. 아이에게 가장 중요한 게 시험이라는 거 알겠어요. 열심히 하려는 아이의 의지도 대견하고요. 그런데 느긋해질 필요가 있을 것 같아요. 시험장에 들어갈 생각만 해도 손에 땀이 흐르고 가슴이 쿵쾅거린다는 아이를 어떻게 도와줘야 할지 모르겠어요. 다른 일에선 그렇게 예민하게 구는 아이가 아니거든요. 잘하고 싶다는 욕심이 아이를 힘들게 하는 건가 싶어서 몇 번이나 괜찮다고 말해줬어요. 한 번의 시험으로 네 모든 것이 결정되는 건 아니라고요. 아이는 머리로는 알겠다고 하는데 잘 고쳐지지 않나 봐요. 본인도 힘들어합니다. 아이가 언제부터 왜 이렇게 시험 앞에서 작아지는지 이유를 알 수가 없어 정말 답답해요. 아이를 조금 더 편안하게 만들어주고 싶어요.

사춘기 반응

언젠가부터 엄마가 옆집 아이의 시험 성적을 말하기 시작했어요. 처음엔 매번 만점을 받는 아이가 신기하기도 하고 부럽기도 했죠. 나도 그렇게 하고 싶었지만 욕심을 낸다고 쉽게 만점을 받을 수 없더라고요. 그걸 깨닫자 엄마가 그런 이야기를 할 때 작아지는 내 모습을 발견했어요. 엄마가 원하는 아이가 못된다는 생각이 나를 괴롭혔죠. 어느 날 시험을 보고 왔는데 점수가 좋지 않았어요. 시험 문제가 어려웠나 봐요. 친구들도 높은 점수를 받지 못했거든요. 그런데 그런 건 엄마에게 중요한 게 아니었어요. 내가 낮은 점수를 받았다는 것에 엄마는 창피해 했어요. 나는 엄마에게 내가 창피한 존재라는 사실이 너무 속상했죠. 그리고 잘하고 싶다는 욕망이 생겼어요.

그때부터 시험 문제를 보면 가슴이 콩닥콩닥 뛰기 시작했어요. 가슴이 뛰니 시험에 집중할 수가 없었어요. 빨리 그 시간이 지나기만을 기다렸죠. 점수는 또 낮게 나오고요. 다시 시험시간이 되면 두려웠어요. 이렇게 몇 번이 지나고 나서는 나는 시험이라는 단어만 들어도 가슴이 뛰고 손에서 땀이 나요. 엄마는 왜 그러냐고 물었지만 나는 내 마음을 모두 말할 수 없었어요. 솔직하게 말하면 엄마가 바보 같다고 나무랄 것 같았거든요. 나도 잘하고 싶었어요. 엄마에게 자랑이 되고 싶었다고요. 하지만 늘 실패하고 높은 점수도 못 받는 나는 엄마 딸로서 창피하다는 생각만 들었어요. 그래서 시험공부를 할 때면 점점 자신을 잃게 되었어요. 잘하고 싶다는 생각보다는 창피하지 않아야 된다는 생각이 더 강해요. 그 생각 때문에 집중도 하지 못하고요. 결과는 안 좋고 엄마는 실망을 이어갔죠. 나도 잘하고 싶었어요. 그래서 노력했는데요. 결과는 늘 좋지 않아요. 엄마가 나에게 실망할까 두려워요.

시험이 인생의 전부는 아니야

평가에 익숙하고 편안한 사람이 있을까요? 우리는 누구든 평가 앞에서 긴장합니다. 잘하고 싶은 욕구 때문일 수도 있고요. 잘하지 못할까 봐 두려운 마음 때문이기도 하죠. 여러 가지 복잡한 계산 앞에서 시험은 결코 쉬운 존재가 아닙니다. 이제 막 사춘기를 접한 아이들에게는 더하겠죠. 처음으로 남들에게 자신이 평가받는다는 생각이 들면 긴장하지 않을 수가 없습니다. 이제껏 사랑으로 자신을 감싸주던 부모에게 처음으로 자신을 점수로써 보여주는 시기입니다. 잘 보여주고 싶을 거예요. 하지만 사춘기에 접어들면서 아이도 자신에 대한 평가를 하고 타인과 비교했을 때 본인이 그렇게 잘난 존재가 아니라고 느끼게 될 것입니다. 욕심은 있지만 자신이 그에 미치지 못하는 부분이 있다는 것도 알죠. 특출하게 잘하는 부분이 없다는 것에 좌절도 할 거예요. 그런데 시험이 이를 더 가중시킵니다. 정확하게 타인과 비교한다는 행위 자체가 아이를 작아지게 만들죠. 시험 앞에서 아이는 소극적인 존재가 될 수밖에 없습니다.

특히 시험의 분위기가 더 그렇죠. 아이를 긴장하게 만듭니다. 스트레스를 받으면 우리 몸은 교감신경계를 조절하게 됩니다. 교감신경이 스트레스를 위험 상황으로 판단하고 어떻게든 우리 몸을 지키기 위해서 활동력을 높입니다. 하지만 이 긴장이 과도해진다면 어떨까요. 교감신경계가 더 많이 우리 몸을 자극합니다. 그래서 혈압이 올라가고 호흡이 빠르고 얕아져요. 감정도 격해지고 긴장도가 과해집니다. 부담을 갖고 시험을 보게 되면 우리 몸이 이런 상태로 변하게 돼요. 그럼 시험을 잘 볼래도 볼 수가 없겠죠. 도저히 자기 몸을 조정할 수가 없는 상태로 변하게 됩니다.

이렇게 과도하게 시험에 대한 압박을 받는 건 부모의 압박과 기대가 너무 큰 경우가 대표적입니다. 아이는 부모의 지나친 기대로 인해 압박감이 심해져서 평소 자신이 가진 실력조차 발휘를 못 하게 됩니다. 그러면 그 결과를 보고 부모는 실망하거나 화를 내죠. 이런 일이 몇 번만 반복된다면 아이에게 시험은 공포의 대상으로 바뀔 수밖에 없습니다. 시험을 앞두고 안 그래도 긴장하는 아이에게 더더욱 큰 압박감을 주지 않아야 합니다.

첫 시험을 앞두면 부모도 아이만큼 긴장하게 됩니다. 손에 땀을 쥔 아이 앞에서 당황해하고 안절부절못하는 모습의 부모는 아이에게 더 큰 당혹감과 긴장감을 주게 됩니다. 아이 시험에 부모가 먼저 긴장하기 보다 시험 한 번으로 아이의 가치가 평가될 수 없음을 확실하게 알려주세요. 긴장할 수는 있지만 이 결과가 모든 것을 말해주는 것은 아니며 아이가 가치 있는 존재임은 변함없다는 것을 알려주세요. 편안한 부모의 안내를 받은 아이는 시험과 자신을 동일시하지 않고 조금 더 안정된 마음으로 시험에 임할 수 있을 것입니다.

예행연습으로 불안을 낮춰주세요

그러나 평가를 피할 수는 없죠. 평가에서 좋은 결과를 얻는 것이 아이에게도 중요합니다. 자신에 대한 객관적인 평가를 할 수 있게 하니까요. 아이가 시험에서 너무 긴장하지 않으면서 자신의 노력을 확인할 수 있는 방법은 없을까요.

우선 시험을 앞두고 부모가 할 수 있는 것은 시험을 준비하는 아이가 필요한 것들을 충분히 지원하는 것입니다. 아이가 스스로 자신감을 갖고 시험에 임하려면 준비가 잘 되어 있어야 하니까요. 적절한 환경을 제공해서 아이가 자신에게 맞게 준비할 수 있도록 도와주세요. 시험을 준비하면서 너무 피곤하지 않도록 관리해주시고 충분한 영양을 얻을 수 있도록 영양가 높은 식사를 준비해주세요. 아이가 어떤 것이 필요한지 수시로 물어보고 마음이 불편할 때는 어떻게 도울 수 있을지 대화를 나누세요. 아이가 필요한 것은 스스로 알고 있으니까요. 긴장하거나 스트레스를 받을 때는 분위기를 환기시킬 수 있도록 도와주세요. 부모가 스트레스를 받을 때 대처하는 방법을 아이에게 보여주세요. 삶에서 부모가 보여주는 모습은 아이에게 큰 영향을 줍니다. 자기도 모르게 아이 몸에 그 태도가 배어들게 되니까요. 이렇게 준비가 되었다면 실전으로 돌입해야겠죠.

시험 직전에 아이와 함께 충분한 연습을 해봅니다. 시험 답안을 작성해보고 기출문제를 풀어보며 시험 시간을 확인해보세요. 긴장하면 시간 안에 문제를 다 못 푸는 경우가 생기므로 시간 안배를 연습해봅니다. 시험 직전 너무 긴장하는 아이라면 호흡법을 알려주세요. 크게 들이마시고 숨을 쉬는 것만으로도 긴장을 낮출 수 있습니다. 또한 시험 전날에 너무 긴장해서 잠을 설치거나 식사를 거르지 않도록 신경써주세요. 평소와 같이 일정 관리를 해서 너무 늦게 잠자리에 들지 않고 최상의 컨디션을 유지할 수 있도록 해주세요. 긴장하는 아이의 마음을 풀어줄 긍정적이고 따뜻한 말이 더해진다면 좋겠죠. 시험의 의미를 새기고 결과가 좋지 않더라도 아이의 존재의 소중함은 변하지 않음을 충분히 말해주세요. 아이가 사춘기가 되면 당당하고 거침없는 것처럼 보이지만 그렇지 않습니다. 아이 마음 안에 두려운 것들이 부모의 지지와 사랑으로 극복될 수 있도록 충분히 표현해주세요. 아이가 이해하지 못하는 부분이 있거나 어려운 부분은 함께 한 번 더 살펴보면서 아이가 시험에 대한 두려움을 극복하도록 도와주면 더더욱 좋습니다. 부모의 이런 지지를 받은 아이는 자신이 준비한 것을 충분히 발산하고 올 수 있을 거예요.

시험은 자신과의 싸움입니다. 시험에 들어가기 전부터 시험에 지는 일은 만들지 마세요. 아이가 시험 전부터 자신에 대한 믿음을 저버린다면 결코 좋은 점수를 얻지 못할 것입니다. 언제나 자신에 대한 믿음을 갖고 자신이 가진 역량을 충분히 발휘할 수 있는 자신감을 가지는 것이 중요하다는 것을 알려주세요. 아이의 그 당당함이 시험 직전의 떨림을 잦아들게 해줄 테니까요.

넌 잘 하고 있어

사춘기 초입 첫 시험부터 시험에 지지 않는 태도를 습관화하는 것이 좋습니다. 당분간 아이에게 평가는 계속될 테니까요. 시험 앞에서 자신을 잘 조절할 수 있는 아이로 시작해야 해요. 그래야 계속될 시험에서도 능력을 마음껏 발휘할 수 있을 것입니다. 혹 첫 시험을 망쳐 아이가 기죽어 있다면 먼저 지지하고 응원해주세요. 아이가 긴장감을 풀고 자신이 가진 것을 마음껏 표현할 수 있도록요.

아이는 노력한 만큼 성취한다는 것을 알게 되면 땀의 가치를 알고 더욱더 노력하게 될 것입니다. 그리고 이렇게 말해주세요.

"정말 잘 하고 있어."

흔들리는 사춘기를 응원해

흔들리는 사춘기 아이는 많이 아픕니다. 그 아이의 아픔을 보듬고 안아주는 가장 따뜻한 어른이 부모가 되었으면 좋겠습니다. 아이가 많은 고민과 문제 행동으로 우리를 힘들게 하더라도 부모만은 흔들리지 않고 아이를 믿고 응원하기 바랍니다. 이 세상에 태어난 이상 우리는 모두 흔들리면서 자라니까요.

요즘 핫하디 핫한 대화형 인공지는 챗지피티(chatGPT)에게 물었습니다. 도대체 사춘기 아이들이 흔들릴 때 어떤 응원을 해주면 좋은지 말이죠. 인간이 남긴 다양한 사례, 답변을 바탕으로 인공지능이 내놓은 답변을 들어볼까요.

"너는 특별하고 소중한 존재야. 사춘기는 어려운 시기지만, 너의 강점과 잠재력을 믿어. 항상 네 곁에 서 있을게."

"감정이 혼란스럽고 힘들 때는 언제든지 내게 이야기해. 네 감정을 듣고 이해할게."

"실수하거나 어려운 상황에 처해도 괜찮아. 실패는 성장의 기회야. 너는 더 강해질 거야."

"너의 꿈과 목표를 응원해. 어떤 일이든 할 수 있는 능력이 있어. 노력하고, 점진적으로 성장하며 달성할 수 있어."

"자신을 사랑하고 소중히 여겨. 너의 모든 면모는 아름다워. 자신에게 자부심을 가지고 자신감을 키워나가 봐."

"자신의 감정과 필요를 존중하고 표현하는 법을 배우는 것은 중요해. 네가 자신을 솔직하게 표현할 수 있을 때, 우리는 더욱 가까워질 수 있어."

"자신의 목표와 꿈을 위해 노력하는 것은 멋진 일이야. 너의 열정과 목표 지향성을 계속 지지할게."

"자신을 둘러싼 사람들과 좋은 관계를 유지하는 것은 중요해. 주변에 좋은 영향력을 행사하는 사람들과 함께하는 것은 네 성장에 도움이 될 거야."

"실수하면 자신을 용서하고 더 나은 방향으로 나아가려고 노력해봐. 오류는 성장의 기회이자 발전의 일부일 뿐이야."

"네가 원하는 것을 이루기 위해 노력하면, 내가 너를 응원하고 믿는다는 것을 느낄 수 있을 거야. 네가 해낼 수 있다고 믿어."

"불안감이나 스트레스를 느낄 때는 휴식과 자기 관리에 집중해봐. 자신을 스스로 챙기고 지원하는 방법을 찾아가면 더 강해질 수 있어."

"너의 성장과 발전을 위해 항상 네 곁에 있을게. 넌 훌륭한 사람이야. 그리고 나는 네가 미래에 이룰 수 있는 모든 것을 믿어."

"너의 독립성과 결정을 존중할게. 자신의 의견을 표현하고 자기 결정에 대한 책임을 갖는 것은 중요한 성장 과정이야."

"자신의 한계를 뛰어넘기 위해 도전하는 것은 용기 있는 일이야. 네가 생각보다 더 많은 것을 이룰 수 있다는 것을 잊지 마."

"성공은 시간이 걸릴 수도 있어. 인내심을 갖고 노력하고 목표에 집중하면, 너의 노력은 열매를 맺을 거야."

여기 쓰인 말 중에서 내가 아이에게 해준 말이 있나요? 어떤 말을 들려주었나요? 아마 마음속에서는 늘 생각하는 말인데 입 밖으로 꺼낸 적은 없는 말들이 많을 거예요. 우리 이제 그러지 말아요. 표현하지 않는 사랑은 드러나지 않습니다. 우리 여기 있는 말들을 아이에게 자주 들려주어요. 내가 이 말을 하면 내 귀에도 이 말이 들려

신기하게도 아이뿐 아니라 자신에게도 힘이 되어줄 거예요. 그렇게 사랑의 메시지로 성장해가면서 아이와 단단한 사춘기를 만들어 가자고요.

　사춘기 아이들과 부모님 모두 조금 더 행복했으면 좋겠습니다. 아이 일생에 가장 큰 기회인 사춘기 허투루 보내지 마세요. 사춘기 또한 우리 모두 사랑하기에 가장 좋은 날들이니까요.

　사춘기를 격하게 아끼고 사랑합시다. 사춘기를 아이와 함께 만들어 가며 함께 성장해 가자고요.

　사춘기 자녀의 부모님들, 진심으로 응원합니다.

현명한 부모는 사춘기를 미리 준비한다

초판 1쇄 인쇄 2024년 7월 29일
초판 1쇄 발행 2024년 8월 12일

지은이 이현주, 이현옥
펴낸이 하인숙

기획총괄 김현종
책임편집 이선일
디자인 표지 | STUDIO BEAR **본문** | d.purple

펴낸곳 더블북
출판등록 2009년 4월 13일 제2022-000052호
주소 서울시 양천구 목동서로 77 현대월드타워 1713호
전화 02-2061-0765 **팩스** 02-2061-0766
블로그 https://blog.naver.com/doublebook
인스타그램 @doublebook_pub
포스트 post.naver.com/doublebook
페이스북 www.facebook.com/doublebook1
이메일 doublebook@naver.com

ⓒ 이현주, 이현옥, 2024
ISBN 979-11-93153-29-1 (03590)